JN233697

1 シリーズ
非線形科学入門　薩摩順吉 [編]

フラクタル

本田勝也 [著]

朝倉書店

はじめに

　マンデルブロ（Benoit B. Mandelbrot）が1982年に発表した記念碑的文献『フラクタル幾何学 (*The Fractal Geometry of Nature*)』を契機として，新奇なアイデアであるフラクタルは分野を超えた多くの人々の関心を集め，あっという間に世界中に広がった．それまで一部の数学者のみに知られていた「半端な次元」を用いることによって，物理学，化学，生物学，地学，工学，医学，社会学などの分野で観察される，多くの，これまで手に負えなかった現象を科学的に研究することが可能になったのである．
　これまで幾何学が取り扱ってきた直線とか，滑らかな曲線ではとても表しきれない複雑な形状をした対象は，われわれの周りに満ちあふれている．海岸線，雲，山々の風景，木々の枝振り，波の形，肺や腎臓の血管網，岩石・金属の粒状体構造など枚挙にいとまがない．日本では寺田寅彦などが注目した，このような世界に関する研究は，当時定量的に取り扱う道具をもち合わせなかったために十分な発展を見ることはなかった．このような対象に対して，「自己相似性」を満足するという限られた条件下ではありながら「半端な次元」を用いる定量的な議論が可能となったことは画期的なことであった．英虞湾と松島湾の海岸線を比べてどちらが入り組んでいるかを議論できるようになったように，人類は大小がやっと識別できる幼子の段階に成長したのである．さらに，単純な操作からも複雑な図形が得られること，いい換えれば複雑な図形を構成する仕組は必ずしも複雑なものとは限らないことを明らかにした．非常に複雑な図形に面したときも，それを理解しようとする勇気を人々に与えた意義は大きい．
　一部の数学者に専有されていた「半端な次元」は，マンデルブロによって誰にでも取扱いできるように「大衆化」された．この結果，多くの研究者の探究

心が刺激され，あらゆる分野における「図形」を対象としたフラクタル探しが行われた．フラクタルという単語を題名に含む論文は1980頃から年ごとに倍々と増え，急激にブームといわれる状況を呈した．このような短期間で爆発的な人気を得た科学概念は他に知られていない．基本的概念である「自己相似性」が比較的理解しやすいことに加えて，計算機の発達によって視覚的に訴えることが容易になったためであろう．一般向けの啓蒙書も数多く出版され，テレビや新聞などのマスコミに何回も取り上げられた希有のテーマの一つである．一方，研究者はフラクタルの概念を自分の研究分野の中に位置づけ，地道な研究態度を取りつづけた．そのような研究者向けの書物も多くの分野の冠をつけて毎年のように発行されつづけてきた．フラクタルと銘打った国際会議も年に何回も開催され，その会議録もとても全部には目を通せないほどであった．

このような熱狂的（？）な状況は1990年代後半になって落ち着いてきた．筆者が属している日本物理学会でも，フラクタルの単語を含む題名の講演はめっきり減ってきている．もはや，フラクタルは珍しい概念ではなく，誰でもが知っている「常識」の一つになったのであろう．このような段階になった現在，「フラクタル」の本を著す意義はどこにあるのだろうか．筆者は次のように考える．フラクタルは常識になったとはいえ，どこの大学でもカリキュラムに組まれる程の市民権を得ているわけではない．ブームが去って，誰もこの概念を取り上げないようになってしまっては，若い後継者への継承の道が閉ざされてしまうことになる．カオスやソリトンなどと並んで，フラクタルは前世紀に誕生した貴重な人類の財産であることには違いない．これを大事に手入れし，いつでも使えるように備えておかねばならない．

現在，フラクタルそのものの研究の最前線は数学者の手に移っているといってよいだろう．全国の数学研究者の名簿を見ると，自分の専門テーマとしてフラクタルをあげている方が十数名いる．このようなことは10年前にはなかったことである．また，画像処理などフラクタルの応用の分野における研究も盛んである．これから応用範囲も広がり発展が期待される方向である．しかし，残念ながらこれらを詳細に論述することは筆者の能力を超えている．むしろ，筆者自らが積極的にかかわってきた問題に引きつけて，本質的な点を深く考察し，詳述することが若い読者にとって有益であると思う．

特に非平衡現象は，いまだ未解決の問題を多く含む魅力的な分野であり，筆者が興味を抱きつづけ研究している課題である．平衡系の対象については，個々の課題については多くの困難を抱えながらも，微視的法則から巨視的世界を理解する統計力学という分野が確立しており，一般的なアルゴリズムは基本的に解明されている．しかし，非平衡現象に対する汎用的な処方箋は見出されておらず，現在のところ課題に応じて対処せざるをえない状況である．なんら確立した研究手段が存在しない非平衡現象であるが，一つの手がかりは特性指数を指標とする分類学の立場である．臨界現象の研究を通じてわれわれが得た教訓は，臨界指数と呼ばれる特性指数によって臨界現象を普遍性クラスに分類することが可能であることであった．臨界指数は対象とする微視的な規則の細かい差異に対して頑丈であり常に同じ値を示す．この性質は普遍性といわれる．空間の次元とか秩序変数の成分数など，現象を規定する対称性のみが臨界指数を変えることができる．この経験は，非平衡現象にも同じ視点——特性指数による分類学——が成立することを期待させる．実際，本書でいくつか議論されるようにフラクタル次元が特性指数になりうることが実証されている．フラクタルの科学の功績の一つは非平衡現象の解明にあるといえる．

　本書はフラクタルに関連する研究成果を逐一並べることはせず，筆者の描いたシナリオにそって読者の理解を助けるような構成にした．したがって，文献も網羅的に取り上げることをしないで，読者の学習に必要なものだけに絞った．原著論文はそこから引用していただきたい．

　本書の構成は次のとおりである．1章と2章では，マンデルブロがフラクタルを世に問う以前から存在し，一部の数学者たちからモンスターと呼ばれていたフラクタル図形を議論する．本書ではこれらを「古典的フラクタル」と呼ぶことにする．そこでは無限など数学の概念がもつ不思議な世界を垣間見ることができよう．3章では，フラクタルの科学の基本的概念である「自己相似性」を多少数学的に議論する．フラクタル次元のさまざまな定義を4章と5章に与える．ハウスドルフによって与えられた「ハウスドルフ次元」が数学的には厳密であるが，逆に適用例は限られることになる．それに対して，マンデルブロが提案した「ボックス・カウント次元」は目盛りつき定規と両対数方眼紙さえあればだれにでもフラクタル次元を測ることができる．6章から9章までは，自

然界に現れるフラクタルの例を順次取り上げる．そこでは研究者，なかんずく統計力学を専門とする物理学者がどのように課題に向かっていったかをできるだけ鮮明に描きたい．統計力学者が好んで取り上げる臨界現象の中で予備的知識をそれほど必要としない「パーコレーション（浸透）」問題を6章で議論する．臨界点でフラクタル図形が登場し，臨界現象の一見不思議な状況がフラクタルを用いて合理的に説明される．7章は非平衡現象の基本的過程である「拡散過程」を取り扱う．8章では，「拡散に支配された凝集（DLA）」を議論する．成長するフラクタル図形の典型としてDLAは集中的に研究が行われ，短期間に数多くの論文の蓄積がなされた．当初考えられていた以上に豊かな内容をもつことが次第に明らかになった．この研究経過は教訓的でありしっかりと総括しておく必要がある．まだ基本的で未解決の問題があり，最近も地道な努力がつづけられている．9章の主題は「自己組織化臨界現象」である．なぜ自然界にこのようにフラクタル図形が遍在するのかという根本的な問に答えようと提唱されたこの概念は非常に魅力的であるばかりでなく，挑戦的ですらある．10章以下では，異方的な図形に対しては「自己アフィン・フラクタル」を，ただ一つのフラクタル次元では表しきれない複雑な図形に対しては「多重フラクタル（マルチ・フラクタル）」を導入し，フラクタルの概念的発展を議論する．等方的な自己相似性を満たすフラクタルに対して，異方的な自己アフィンの対称性を満たす図形を自己アフィン図形と呼ぶ．10章で説明されるように，時系列なども図形としてとらえ考察の対象とする．11章と12章では自己アフィン・フラクタルであり，典型的な非平衡現象である「成長する荒れた界面」について議論する．DLAと同様に精力的な研究が集中したテーマである．12章はその理論的考察を内容とする．13章で議論する多重フラクタルは，さまざまな色のフィルターを通して図形を観察するように図形の多面的な特徴をとらえようとする試みである．形式がまさしく統計熱力学と同じであることは，よく考えれば当然のことながら興味深いものである．

　本書は基本的に他の文献を参照しなくても理解できるように記述されている．読者になじみが薄いと思われる技術的な項目は付録で説明した．付録Aでは数列の収束に関する数学的定理を，付録Bでは大数の法則と中心極限定理を，付録Cではデルタ関数を，付録Dでは次元解析を補足的に説明した．多少式が

多いと感じられるかもしれないが，ていねいに読んでいけば随所にでてくる理論的道具を身につけることができるであろう．

　最後になったが本書を上梓するうえでお世話になった多くの方々に謝辞を述べたい．「シリーズ非線形科学入門」の編集者である薩摩順吉氏には本書執筆の機会を与えてくださったことに，松下貢，豊木博泰，三井斌友，T. C. Halsey, T. Viscek の各氏にはそれぞれの時期における有意義な共同研究に，鎌倉徳計，松山貴，寺尾卓也，岩崎真也，橋詰康宏の当時の大学院生には楽しかった共同研究に感謝したい．これらの共同研究の成果は本書に盛り込ませていただいた．五十嵐英明，松永哲成の両大学院生は面倒な図を作成し，蟻川修史，松永哲成，山本正彦の各大学院生は草稿を丁寧に読み，筆者に勘違いがないかを点検してくれた．もちろん最終的な責任は筆者にある．朝倉書店編集部には忍耐強く草稿の遅れを待っていただいた．この機会に妻である光子に深甚なる感謝の意を表したい．私事になるが，本書を執筆中に筆者は何度も病魔に襲われ深刻な事態に陥った．彼女の心身にわたる支えのもとで本書は執筆された．

2002 年 1 月

本 田 勝 也

目　　次

1. 古典的フラクタル I 1
   1.1　カントール集合 1
   1.2　コッホ曲線 8
   1.3　ペアノ曲線 10

2. 古典的フラクタル II 12
   2.1　シアピンスキー・ガスケットの幾何学的構成法 12
     a.　パスカルの三角形 13
     b.　セル・オートマトン 13
     c.　ランダム・ゲーム 14
     d.　反復写像 16
   2.2　シアピンスキー・ガスケットの「大きさ」 16
   2.3　シアピンスキー・ガスケットの数学的記述 17
   2.4　シアピンスキー・ガスケットの拡張版 18

3. 自 己 相 似 性 21
   3.1　自己相似性 21
   3.2　図形の相似変換 23
   3.3　図形の列とその極限 25
   3.4　図形の列の収束条件 28

4. フラクタル次元 I 30
   4.1 次　　元 30
   4.2 ハウスドルフ次元 32
   4.3 相似次元 38

5. フラクタル次元 II 42
   5.1 ボックス・カウント次元 42
   5.2 ボックス・カウント次元の測り方 44
   5.3 ハウスドルフ次元との関係 46
   5.4 相関関数 47
   5.5 その他の特性指数 50
     a. 質量の動径分布 50
     b. サイズの累積分布 51
     c. 物理量のスケーリング則 52

6. 臨界現象とパーコレーション 54
   6.1 臨界現象 54
   6.2 パーコレーション 56
   6.3 臨界指数とスケーリング則 58
   6.4 クラスターの幾何学的構造 61
   6.5 くりこみ群の方法による理論 64
   6.6 有限サイズ・スケーリング 67

7. 拡散過程 70
   7.1 ランダム・ウォーク 70
   7.2 レビィ・フライト 74
   7.3 異常拡散 76

8. 拡散に支配された凝集 DLA 79
   8.1 DLA クラスター形成のアルゴリズム 79

- 8.2 DLA クラスターの自己相似性 ……………………………… 81
- 8.3 数学的定式化と DLA の拡張 ………………………………… 83
- 8.4 実験でつくられる DLA クラスター ………………………… 86
  - a. 金属葉 ……………………………………………………… 86
  - b. 粘性指 ……………………………………………………… 87
  - c. 誘電体破壊 ………………………………………………… 87
  - d. 結晶成長 …………………………………………………… 88
  - e. バクテリア・コロニー …………………………………… 89
- 8.5 DLA クラスターのフラクタル次元の理論 ………………… 89

9. 自己組織化臨界現象 …………………………………………… 94
- 9.1 基本的考え方 ………………………………………………… 94
- 9.2 1 次元の砂山モデル ………………………………………… 95
- 9.3 2 次元の砂山モデル ………………………………………… 97
- 9.4 異方的な砂山モデル ………………………………………… 100

10. 自己アフィン・フラクタル …………………………………… 104
- 10.1 自己アフィン・フラクタル ………………………………… 104
- 10.2 分数ブラウン曲線 …………………………………………… 108
- 10.3 ヴォスのアルゴリズム ……………………………………… 110

11. 成長する荒れた界面 I ………………………………………… 115
- 11.1 成長する荒れた界面 ………………………………………… 115
- 11.2 動的スケーリング則 ………………………………………… 118
- 11.3 計算機シミュレーション・モデル ………………………… 119
  - a. イーデン・モデル ………………………………………… 120
  - b. 弾道軌道凝集モデル ……………………………………… 120
  - c. RSOS モデル ……………………………………………… 122
- 11.4 実験的研究 …………………………………………………… 122
  - a. ランダム媒質中の気液界面 ……………………………… 123

  b. 真空蒸着による金属薄膜成長 ………………………………… 123
  c. バクテリア・コロニー ………………………………………… 123
  d. 結晶成長 ………………………………………………………… 124
  e. 山脈の稜線 ……………………………………………………… 124
 11.5 KPZ 方程式 ……………………………………………………… 125
 11.6 理論的研究の現状 ……………………………………………… 128

12. 成長する荒れた界面 II ……………………………………………… 129
 12.1 EW 方程式 ……………………………………………………… 129
 12.2 KPZ 方程式の数値解析 ………………………………………… 133
 12.3 KPZQ 方程式 …………………………………………………… 138

13. 多重フラクタル ……………………………………………………… 144
 13.1 多重フラクタルの定義 ………………………………………… 144
 13.2 $f(\alpha)$ スペクトラム ………………………………………… 147
 13.3 熱統計力学的形式 ……………………………………………… 150
 13.4 二項分枝過程 …………………………………………………… 151
 13.5 DLA クラスターの成長確率に対する多重フラクタル次元 …… 155

付録 A. 完備距離空間における縮小写像 ……………………………… 157
 A.1 距離空間 ………………………………………………………… 157
 A.2 数列の収束 ……………………………………………………… 158
 A.3 完備な距離空間 ………………………………………………… 158
 A.4 縮小写像による数列の収束 …………………………………… 159

付録 B. 大数の法則と中心極限定理 …………………………………… 161
 B.1 準備 ……………………………………………………………… 161
 B.2 正規分布 ………………………………………………………… 162
 B.3 チェビシェフの定理 …………………………………………… 163
 B.4 大数の法則 ……………………………………………………… 164

- B.5　中心極限定理 165
- 付録 C.　デルタ関数 168
  - C.1　デルタ関数の性質 168
  - C.2　デルタ関数への漸近 169
- 付録 D.　次元解析と中間漸近の方法 172
  - D.1　もう一つの次元 172
  - D.2　次元解析 174
  - D.3　中間漸近の方法 176

参考文献 178
索　　引 181

1 古典的フラクタル I

 マンデルブロがフラクタルを提唱する以前から，今日フラクタルと呼ばれている図形に相当するものはすでに提案されていた．しかし，その性質があまりにも典型的な図形とかけ離れていたために，それらはモンスターと呼ばれ，人々の注意を引くことはなかった．この章と次章でそれらのいくつかを紹介しながらフラクタルの基本的性質である「自己相似性」に慣れることにしよう．同時に「無限」が示す深い意味を理解したい．

1.1 カントール集合

 まず最初に登場するのがカントール集合である．図形としてのおもしろみはないが，古典的フラクタルを学習する第一歩としてふさわしい．
 カントール集合は幾何学的には次のように構成される．図 1.1 には幾何学的構成法の最初の数ステップが描かれている．線分 $[0,1]$ を考え，その中央 $(1/3, 2/3)$ を取り除く．ここで，(a,b) は開区間，$[a,b]$ は閉区間を意味する．すなわち，両端の点 a と b は閉区間 $[a,b]$ に含まれるが，開区間 (a,b) には含まれない．次に，残された閉区間 $[0, 1/3]$ および $[2/3, 1]$ に含まれる中央部の開区

図 1.1 カントール集合の幾何学的構成法

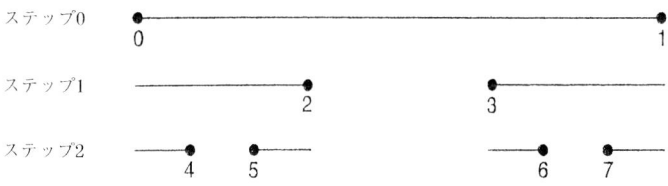

図 1.2 カントール集合の端点（第 2 ステップまで）

間 $(1/9, 2/9), (7/9, 8/9)$ を除去する．このように残された閉区間の中央部から $1/3$ の線分を次々と取り去る操作を繰り返す．n ステップ後には $(1/3)^n$ の長さの線分が 2^n 個残る．この操作を無限回繰り返した結果に得られる集合がカントール集合である．以下ではカントール集合を $\mathcal{C}$ と記す．

無限回の除去を繰り返して線分 $[0,1]$ から残る部分集合はどのようなものであろうか．除去された線分の長さの合計は，$1/3 + 2(1/3)^2 + 2^2(1/3)^3 + \cdots = 1$ であるから，カントール集合は何もない空集合と考えられるかもしれない．しかし，点には長さがないから，集合を構成する要素は点である可能性がある．ただちに思いつくのは閉区間の端点である．除去する区間は開区間であるから端点は安全である．最初から列挙すると，図 1.2 に示されているように $0, 1, 1/3$, $2/3, 1/9, 2/9, 7/9, 8/9, 1/27, 2/27, \cdots$ がそれらの例である．順番に数え上げることが可能で，無限個存在する．このような要素は可算無限であるといわれる．

では，カントール集合 $\mathcal{C}$ に存在する点は果たして端点だけであろうか．実は端点はカントール集合の要素のごく一部にすぎないのである．この事実を説明することで，カントール集合の真の姿が理解される．まず，閉区間 $[0,1]$ 内の点 x を 3 進数で表す．すなわち，

$$x = a_1\left(\frac{1}{3}\right) + a_2\left(\frac{1}{3}\right)^2 + a_3\left(\frac{1}{3}\right)^3 + a_4\left(\frac{1}{3}\right)^4 + \cdots \qquad (1.1)$$

と展開したとき，これらの係数を用いて，

$$x = (0.a_1 a_2 a_3 \cdots)_3 \qquad (1.2)$$

と記述する．ここで，$a_1, a_2, a_3, \cdots$ は 0，1，2 のうちいずれかを取る整数，

$a_i \in \{0,1,2\}$ ($i=1,2,3,\cdots$) である．例えば，10進数の1/3は3進数で表すと $(0.1)_3$，7/9は $(0.21)_3$ である．

カントール集合の幾何学的構成法を振り返ってみる．構成法における各ステップに生ずる線分の左部分に0，右部分に2を割り当てると中央部分は1に相当する．第1ステップでは，中央部分の除去は小数点以下第1桁に1が存在しないことに相当する．第2ステップは小数点以下第2桁に相当する．したがって，各ステップで中央部分の1/3を除去していくのであるから「カントール集合の要素は区間 [0,1] に含まれる点のうち3進数で表したときに1を含まないもの」と与えられる．すなわち，カントール集合 $\mathcal{C}$ は，

$$\mathcal{C} = \{x \mid x = (0.a_1 a_2 a_3 \cdots)_3,\ a_i \in \{0,2\}\} \tag{1.3}$$

と定義される．以下，x がカントール集合の要素であることを $x \in \mathcal{C}$ と記す．集合の要素のことを元と呼ぶこともある．

第1ステップで残される1/3は3進数で表せば $(0.1)_3$ であるので，上の定義と矛盾するように思われるかもしれない．この矛盾は3進数の表現が一意的でない場合があることに注意すれば除かれる．すなわち，3進数において，$(0.1)_3 = (0.0222222\cdots)_3$ である．両辺の数が等しいことは，この二つの数の間に存在する数がないことで理解される．逆に，取り除かれる区間に含まれる1/3+1/9は，3進数表現で $(0.11)_3$ であるが別の表現を用いても $(0.1022222\cdots)_3$ となるだけであるので1を除くことはできない．端点を3進数表示すると循環小数か有限小数であり，10進数表示したときの有理数に相当する．

以上の考察から，当初は予想できなかった結論が導かれる．デタラメに0と2を並べた，例えば，$(0.0022020020022220202200\cdots)_3$ は端点ではないがカントール集合 $\mathcal{C}$ の要素である．しかも，この点の任意の近傍にもカントール集合 $\mathcal{C}$ の要素となる点が存在することがわかる．この点から $(0.0000000000001)_3$ 以内の距離には $(0.0022020020022000\cdots)_3$ をはじめとして無数の点が存在する．区間の端点が3進数では有限小数か循環小数で表されることに注意すれば，端点以外の要素が圧倒的にカントール集合 $\mathcal{C}$ を占めることが理解されるであろう．この事実は，「カントール集合 $\mathcal{C}$ からある数をランダムに選ぶと確率1でその点は端点でない」とも表現され，実数における無理数の位置を占めている．しか

し，カントール集合 $\mathcal{C}$ の要素である点の任意の近傍に $\mathcal{C}$ に含まれない点が存在することも事実である．このような性質をもつ集合は全不連結であるという．

結論として次の事実が導かれる．線分 $[0,1]$ には実数 $0 \leq x \leq 1$ と同数の点がぎっしり詰まっており，その点は非可算無限個存在する（数え上げることができないほど多い？）ことはよく知られている．ところが，カントール集合 $\mathcal{C}$ はこれまで述べてきたように点の集まりである．しかし，カントール集合 $\mathcal{C}$ の要素の数は，線分 $[0,1]$ に含まれる点の数と等しいのである．どうして同じだけの数が存在するのか，直観的には理解できない．そのからくりは「無限」にある．実数 $0 \leq x \leq 1$ を 2 進数表示すると

$$x = (0.b_1 b_2 b_3 \cdots)_2 \tag{1.4}$$

と表される．2 進数法では $b_n \in \{0,1\}$ $(n=1,2,\cdots)$ である．ところで，カントール集合 $\mathcal{C}$ の構成過程において左部分に 0，右部分に 1 を割り当てると，各線分に有限桁の小数が割り当てられる．カントール集合 $\mathcal{C}$ は，無限回除去を繰り返した結果に残る点の集合であるから，結局 $\mathcal{C}$ に含まれる各点に 0, 1 でコードされた無限数列が割り当てられる．無限小数であるから，割り当て先を次々と下の桁に被せることができるのである．

カントール集合 $\mathcal{C}$ の全く異なる構成法を説明しよう．図 1.3 に示されているような次の関数（写像）を取り上げる．

$$f(x) = \begin{cases} 3x & (x \leq 0.5) \\ -3x+3 & (x > 0.5) \end{cases} \tag{1.5}$$

この関数を用いて漸化式 $x_{n+1} = f(x_n)$ で与えられる数列 $x_0, x_1, x_2, x_3, \cdots$ を考える．与えられた初期値 x_0 によって，その後の数列の運命は決定される．もし，$n \to \infty$ につれて $x_n \to -\infty$ となるならば，そのような初期値を逃避点と呼ぼう．よく考えると逃避点ではない点が区間 $[0,1]$ 内に存在する．これらの点がカントール集合 $\mathcal{C}$ の要素である．この事実を以下で説明しよう．

写像による漸化式は離散的な方程式とみなされ，離散的な力学系とも呼ばれる．その性質に慣れるために，最初に一般的な準備をしておこう（図 1.4）．漸化式で得られる数列を幾何的に得る方法を考える．まず，x_0 を与える．x_1 は

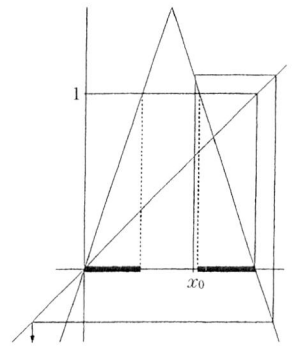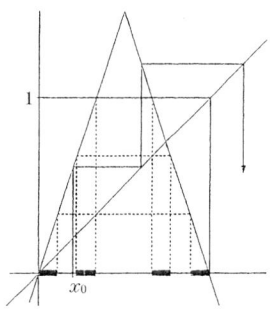

図 1.3 カントール集合 $\mathcal{C}$ を構成する写像 (逃避点とその区間)

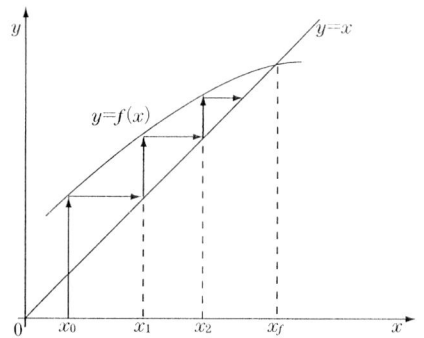

図 1.4 写像 $y = f(x)$ による数列 $x_0, x_1, x_2, \cdots$ の発生

点 $(x_0, f(x_0))$ から引いた水平線と勾配 1 の直線, $y = x$, との交点の x 座標である. 同様に, 点 $(x_1, f(x_0))$ を通る垂線と $y = f(x)$ との交点 $(x_1, f(x_1))$ を直角に曲がり, 水平に移動させ $y = x$ の直線との交点を求めれば, その点の x 座標が x_2 である. このように $y = f(x)$ と $y = x$ の間を階段のように移動していくと, 順に $x_3, x_4, \cdots$ が得られる.

$y = f(x)$ と $y = x$ との交点 $x_f = f(x_f)$ で与えられる x_f を固定点という. 一度 $x = x_f$ となれば, それ以後変化しないので固定点と呼ばれる (不動点という文献もある). 固定点は漸化式 $x_{n+1} = f(x_n)$ を方程式 $x = f(x)$ とみなした場合, その解である. x_f の局所的安定性について調べる. x_f の近傍で $\delta x_n = x_n - x_f$ の 1 次までで, $f(x_n) = f(x_f) + \delta x_n f'(x_f)$ であるから

$$\delta x_{n+1} = f'(x_f)\delta x_n \tag{1.6}$$

となる．ここで，$f'(x_f) = df(x)/dx|_{x=x_f}$ と略記した．この漸化式の一般解は

$$\delta x_n = [f'(x_f)]^n \delta x_0 \tag{1.7}$$

である．したがって，$|f'(x_f)| < 1$, すなわち，$f(x)$ の勾配の絶対値が $x = x_f$ において 1 より小さければ $\delta x_n \to 0$ となるから，その固定点 x_f は安定である．一方，$|f'(x_f)| > 1$ であれば，固定点からのわずかなずれが大きく発展してしまうので不安定である．(1.5) 式の場合は 2 固定点とも不安定である．

これだけの準備をして (1.5) 式と図 1.3 に戻ろう．$x_0 < 0$ が逃避点であることはただちにわかる．$x_0 > 1$ であると $x_1 < 0$ となるから，それらの点も逃避点である．次に，$1/3 < x_0 < 2/3$ であれば，$x_1 > 1$ となるから，これらも逃避点である．同様に考えていくと，カントール集合の幾何学的構成法において取り除かれた区間に属する点は逃避点であると結論される．では，逃避点でない点は存在するかという疑問が生ずる．この場合も端点は大丈夫である．なぜなら，例えば $x_0 = 1/9$ とすれば，$x_1 = 1/3, x_2 = 1, x_3 = 0, x_4 = 0, \cdots$ となって線分 $[0,1]$ 内にとどまる．その他の端点でも確かめられるように，端点を初期値にするといつかは $x_f = 0$ の固定点にたどり着く．

カントール集合 $\mathcal{C}$ がほとんど端点でない点によって構成されていたように，永久に固定点 $x_f = 0$ にたどり着かず，しかも逃避点でない初期値 x_0 も非可算無限個存在する．直観的には説明できないので，数式を用いて説明する．実数 x を (1.2) 式のように 3 進数表示する．x がカントール集合 $\mathcal{C}$ の要素であれば $(x \in \mathcal{C})$, $a_i \in \{0, 2\}$ $(i = 1, 2, 3, \cdots)$ であることを思い出そう．まず，$0 \leq x \leq 1/3$ $(a_1 = 0)$ の場合を調べると，

$$3x = a_2\left(\frac{1}{3}\right) + a_3\left(\frac{1}{3}\right)^2 + a_4\left(\frac{1}{3}\right)^3 + \cdots \tag{1.8}$$

であるから，$x \in \mathcal{C}$ であれば，明らかに $3x \in \mathcal{C}$ である．同様に，$2/3 \leq x \leq 1$ $(a_1 = 2)$ の場合は，

$$3 - 3x = 3 - \left\{a_1 + a_2\left(\frac{1}{3}\right) + a_3\left(\frac{1}{3}\right)^2 + \cdots\right\}$$

$$= 1 - a_2\left(\frac{1}{3}\right) - a_3\left(\frac{1}{3}\right)^2 - \cdots$$
$$= (2-a_2)\left(\frac{1}{3}\right) + (2-a_3)\left(\frac{1}{3}\right)^2 + \cdots \quad (1.9)$$

と変形される．ここで，$1 = (2/3)\{1 + (1/3) + (1/3)^2 + \cdots\}$ の関係を使った．したがって，やはり x がカントール集合 $\mathcal{C}$ の要素であれば，$3-3x$ も要素になる．なぜなら，$a_i \in \{0,2\}$ $(i=2,3,4,\cdots)$ であれば $(2-a_i) \in \{0,2\}$ であるからである．これらの点は永久にカントール集合 $\mathcal{C}$ の要素となる点の間を徘徊し，決して区間 $[0,1]$ の外に出ることはない．

最後に，カントール集合 $\mathcal{C}$ の自己相似性について説明する．自己相似性は 3 章で詳しく議論するように「フラクタルの科学」の根幹をなす概念で，図形全体の像をさまざまなスケールで自らに内包することを意味する．カントール集合の場合は図 1.5 にその概念的に示されているように，全体を $1/3$ にした図形を二つ含み，さらに $1/3$ にした図形を $2^2 = 4$ 個含んでいる．$[0,1]$ におけるカントール集合 $\mathcal{C}$ を $1/3$ に縮小しても，やはりカントール集合に含まれることを示そう．数学的には図 1.5 における変換は次の写像のどちらかによって行われる．

$$w_1(x) = \frac{x}{3}, \qquad w_2(x) = \frac{x}{3} + \frac{2}{3} \quad (1.10)$$

(1.3) 式で定義されたようにカントール集合の要素 $x \in \mathcal{C}$ は，3 進数表示で $x = (0.a_1a_2a_3\cdots)_3$ と表したとき各桁が $a_i \in \{0,2\}$ であるものである．したがって，$w_1(x) = x/3 = (0.0a_1a_2a_3\cdots)_3$，$w_2(x) = x/3 + 2/3 = (0.2a_1a_2a_3\cdots)_3$ となるので両者ともカントール集合の要素であることがわかる．この操作は何回繰り返しても同様である．写像による自己相似性の一般的な説明は 3 章で行う．

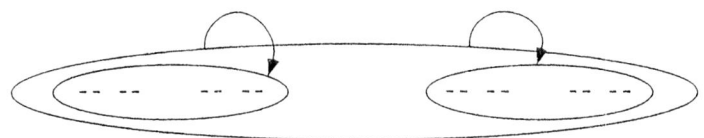

図 1.5　カントール集合 $\mathcal{C}$ の自己相似性

1.2 コッホ曲線

フラクタルといえば必ず登場するのがこの節で取り上げるコッホ曲線である．自己相似性がわかりやすいばかりでなく，見栄えがよいのもその理由であろう．

コッホ曲線の幾何学的構成法による数ステップが図 1.6 に示されている．これもまた $[0,1]$ の線分を用意する．中央の 1/3 を取り除いた上に，一辺 1/3 のテント（正三角形の底辺を除いたもの）を張りつける．これで第 1 ステップが終了．第 2 ステップには，長さ 1/3 の各辺に同じ操作を繰り返し，小さなテントをそれぞれの辺に張りつける．この操作を無限回繰り返してできるのがコッホ曲線である．コッホ曲線を $\mathcal{K}$ と記す．第 0 ステップをイニシエーター，第 1 ステップをジェネレーターという．これらの用語は後にも使う．

コッホ曲線の最たる特徴は曲線内に滑らかな部分が存在せず，いわば角ばかりであることである．角では接線が定義できない．なぜなら，角の右から接近してできる接線と，左から近づく接線とが角で一致しないからである．コッホ曲線は連続でありながら，いたるところ接線の存在しない不思議な曲線なので

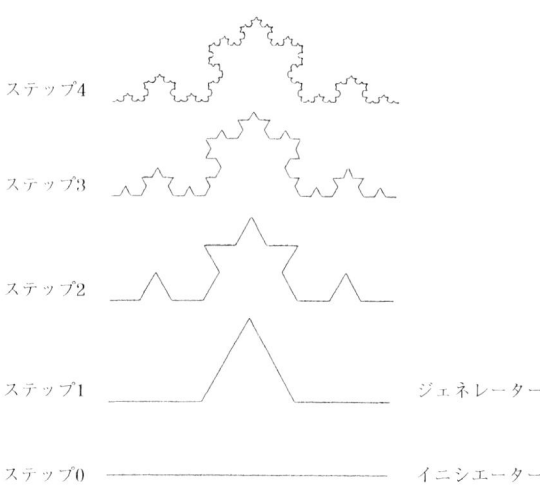

図 1.6　コッホ曲線 $\mathcal{K}$ の幾何学的構成法

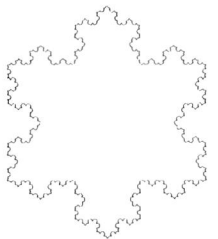

図 1.7 コッホ島

ある.この事実と直接結びついて,コッホ曲線の長さが無限大であることが注目される.すなわち,各ステップで長さ $1/3$ の線分が 4 個つけ加わり,$4/3$ 倍になるのであるから,n ステップにおける長さ L_n は $L_n = (4/3)^n$ である.したがって,無限回の繰り返しで得られるコッホ曲線 $\mathcal{K}$ の長さは

$$L_\infty = \lim_{n \to \infty} L_n = \infty \tag{1.11}$$

と,発散する.

三角形の各辺にこのコッホ曲線を張りつけたものをコッホ島と呼ぶ(図 1.7).これはまた,雪の結晶に似ているので雪片(snow flake)とも呼ばれている.このコッホ島の面積を計算してみよう.最初の三角形の一辺を 1 とする.n ステップでは一辺 $(1/3)^n$ の三角形が $3 \cdot 4^{n-1}$ 個張りつけられる.一辺 $(1/3)^n$ の三角形の面積は $A_n = (\sqrt{3}/4)(1/3)^{2n}$ である.よって総面積 A_∞ は

$$A_\infty = A_0 + 3 \cdot A_1 + 3 \cdot 4 \cdot A_2 + 3 \cdot 4^2 \cdot A_3 + \cdots = \frac{2}{5}\sqrt{3} \tag{1.12}$$

と求まる.一方,島の周辺の長さは (1.11) 式で示されているように無限大である.面積を一定にして境界線を最短にする図形は円であることはよく知られているが,その反対の極限はコッホ島のような奇妙な図形なのである.腎臓や肺における血管が,体積を一定に保ち表面積をできるだけ大きくするように配列されていることと符合する.

コッホ曲線の自己相似性は図 1.8 で明らかなように,全体像と相似な 4 個の部分から全体が構成されている.この性質はどんなに小さな部分についても成立する.詳しくは,3 章で議論する.

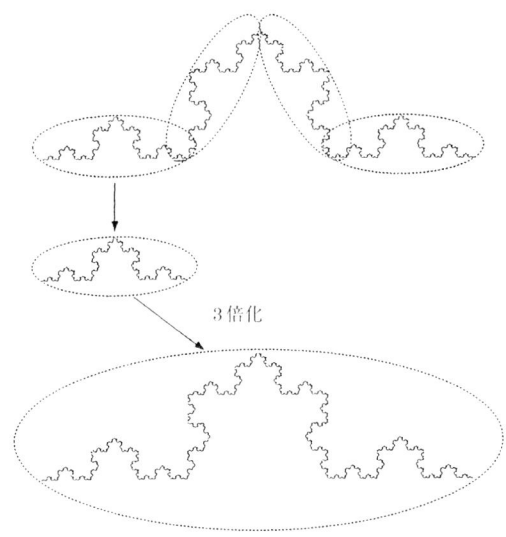

図 1.8 コッホ曲線 $\mathcal{K}$ の自己相似性

1.3 ペアノ曲線

次に登場するモンスターは，ペアノ曲線 $\mathcal{P}$ である．ペアノ曲線の構成法は図 1.9 にあるとおり，長さ 1 の線分から始めるところはこれまでと同じであるが，第 2 ステップで 9 個に増殖する．これがジェネレーターである．交差する点が生ずるので，これを避けるためにわずかに変形させる．この操作を繰り返すことによって，無限回後には 90 度回転した正方形を埋めつくすことになる．

ペアノ曲線 $\mathcal{P}$ を特徴づけるために，その長さを計算する．n ステップでの線分の長さは $(1/3)^n$ であるが，その線分の数は 9^n である．したがって，$L_\infty \equiv \lim_{n\to\infty} 9^n (1/3)^n = \infty$ である．長さでペアノ曲線を特徴づけることはできない．

ところで，線分の位置を指定するために各ステップにおいて左から何番目にあるかを 9 進数表示の小数で表すことにする．ペアノ曲線では各線分の長さが 0 になるのであるから，9 進数表示の無限小数で正方形内の点が表されることに

1.3 ペアノ曲線

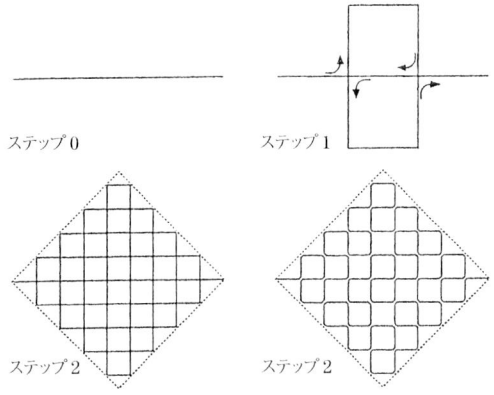

図 1.9 ペアノ曲線 $\mathcal{P}$ の幾何学的構成法

なる.例えば $13/27 = 4(1/9) + 3(1/9)^2 + 0(1/9)^3 + \cdots$ の点は,第 1 ステップで左から 5 番目の線分に,第 2 ステップではその 4 番目の線分に,第 3 ステップ以降は 1 番目の線分に属する.9 進数表示で小数点 k 桁まで同じで,$k+1$ 以下が異なる二つの点は対角線の長さが $(1/9)^k$ の同一の正方形内に共存する.

ここに深刻な問題があることに気がついただろうか.曲線内の 1 点を指定するには 1 個の実数があれば十分である.ペアノ曲線を使えば平面内の 1 点を指定することができる.これは平面が 2 次元で,平面内の 1 点を指定するためにはどのような座標系を用いようとも 2 個の座標が必要であることに矛盾する.これはどうしたことであろうか.この問題は当時の数学者に「次元」に対する深刻な反省を強いたのである.

現在はこの矛盾は次のように説明されている.上の事実は区間 $[0, 1]$ とペアノ曲線に占められる正方形とが等価であることを意味しているように思われるかもしれない.等価であれば,区間内で近傍にある 2 点は正方形内の近いが異なる点に移され,逆に正方形内の近い 2 点は,区間内の異なる近い 2 点にそれぞれ移されなければならない.しかし,ジェネレーターで非常に接近した 2 か所があったことからわかるように,区間内の離れた 2 点が正方形内の非常に近い点に移されることがある.したがって,区間 $[0, 1]$ とペアノ曲線に埋められた正方形とは等価でないのである.

2 古典的フラクタル II

前章に引きつづき古典的フラクタルを取り上げる．この章ではシアピンスキーによって提案されたガスケット，カーペットなどを議論の対象にして，無限の意味の復習と，図形の「大きさ」を何によって測ったらよいかを考える．

2.1 シアピンスキー・ガスケットの幾何学的構成法

シアピンスキー・ガスケットは内部を含めた三角形からつくられる．これをイニシエーターとする．この三角形の3辺の中点を結ぶと，1辺が1/2になった相似三角形が4個できる．その中央の三角形を取り除くと，相似な三角形が3個残る．これで1ステップが終了し，ジェネレーターとなる．残された3個の三角形に対して同様な操作を繰り返す．図2.1には3ステップまでにできあがる図形が描かれている．シアピンスキー・ガスケットはこの操作を無限回繰り返した後に得られる図形である．直観的には点があちらこちらに散在している像がイメージされる．以下では，シアピンスキー・ガスケットを $\mathcal{S}$ と記す．

シアピンスキー・ガスケットの作図法はいろいろある．そのうちいくつかを

ステップ0　　　ステップ1　　　ステップ2　　　ステップ3

図 2.1　シアピンスキー・ガスケット $\mathcal{S}$ の幾何学的構成法

紹介しよう．

a. パスカルの三角形

高校の数学で習った二項展開

$$(1+x)^n = \sum_{k=0}^{n} {}_n\mathrm{C}_k x^k \qquad (2.1)$$

を思い出そう．二項係数 ${}_n\mathrm{C}_k = n!/k!(n-k)!$ $(n! = n(n-1)(n-2)\cdots 2\cdot 1,$ $0! = 1)$ には

$$_{n+1}\mathrm{C}_k = {}_n\mathrm{C}_{k-1} + {}_n\mathrm{C}_k \qquad (2.2)$$

の関係があるので，図 2.2 のように順次描いていけば三角形が形づくられる．簡便な暗記法として記憶されていることであろう．この三角形をパスカルの三角形と呼ぶ．日本でも江戸時代の和算学者である村井中漸が独自に同様の三角形を描いている．上から奇数のところだけを黒く塗りつぶしていくとシアピンスキー・ガスケットができていく．

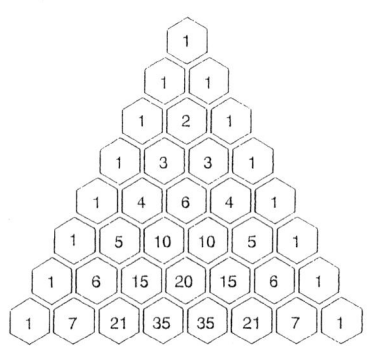

図 2.2 パスカルの三角形

b. セル・オートマトン

セル・オートマトンでは時間，空間が離散的であるばかりでなく，取りうる状態も離散的である．計算機で取り扱うには最も適した体系であるので，現象を説明する簡単なモデルとして多くの分野で調べられている．シアピンスキー・

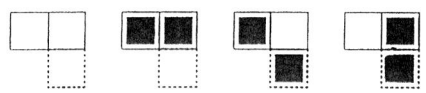

図 2.3　シアピンスキー・ガスケットを作成するセル・オートマトンのルール　左上と真上の状態が異なっている場合を黒，同じ場合を白とする．

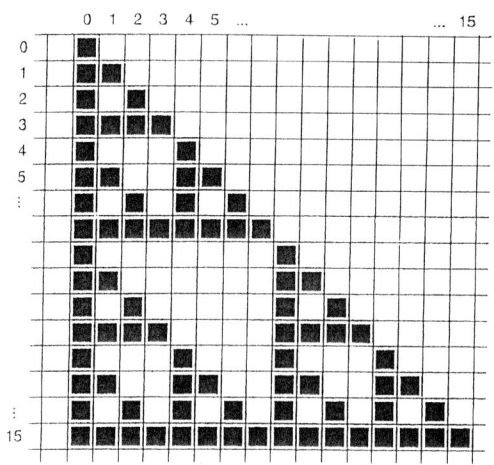

図 2.4　図 2.3 のルールに従って生成された変形シアピンスキー・ガスケット

ガスケットは時間を空間での 1 次元とみなした 1 + 1 次元空間で形成される．状態は 2 状態に限られるとしてそれぞれ白，黒と符号化する．初期状態における 1 次元空間は原点を除いて白ばかりであるとする．状態の変化として図 2.3 のようなルールを採用する．数ステップ実行してみると図 2.4 のようにシアピンスキー・ガスケット $\mathcal{S}$ の端初が得られる．できあがる $\mathcal{S}$ を変形シアピンスキー・ガスケット $\mathcal{SV}$ という．

c.　ランダム・ゲーム

まず，正三角形の頂点に相当する 3 点 A，B，C を取る．次に 3 点以外に任意に 1 点 P_0 をおく．その点から頂点 A，B，C の中からランダムに選んだ頂点とを結んだ中点を P_1 とする．P_1 とランダムに選んだ頂点の一つとを結んだ線分の中点を P_2 とする．このように点列 $P_0, P_1, P_2, \cdots$ をプリントしていく．

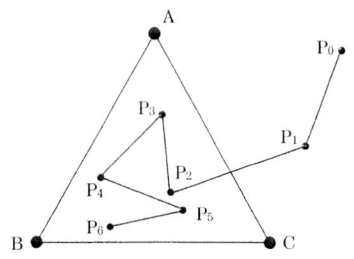

図 2.5 ランダムゲームの最初の数ステップ

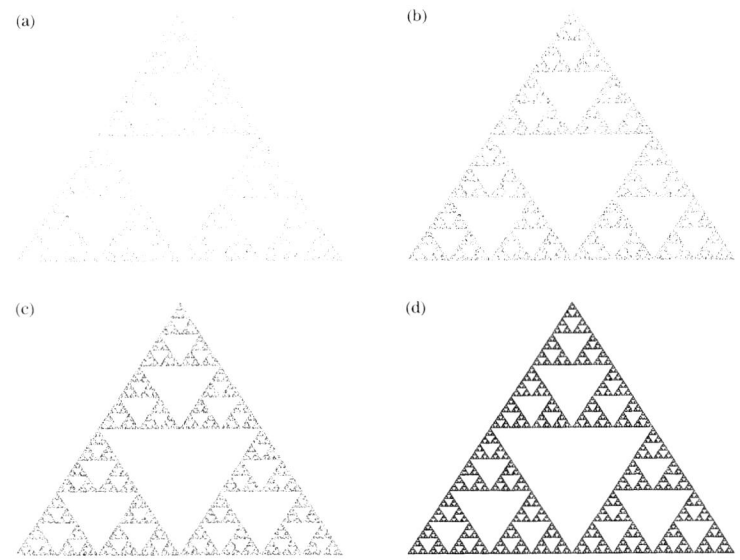

図 2.6 ランダムゲームにより得られる図形
(a) 1000 ステップ, (b) 5000 ステップ, (c) 10000 ステップ, (d) 100000 ステップ.

図 2.5 を参照されたい．はじめはぼんやりとしているが次第に明瞭なシアピンスキー・ガスケット $\mathcal{S}$ が浮かんでくる様子が図 2.6 に描かれている．

なぜこのようなアルゴリズムで $\mathcal{S}$ を描くことができるのだろうか．問題を理解するヒントは，$\mathcal{S}$ の要素である点と任意の頂点を結んだ中点はやはり $\mathcal{S}$ の要素となること，中点を取ることによって要素でない点もだんだん要素の点に近づいてくること，ランダムさのためにいずれは全ての要素が覆いつくされるこ

との 3 点である．

d. 反復写像

ある図形を縮写，回転，移動させて目的の図形を作成する方法も一般的である．表現を簡単にするために図 2.7 のような変形シアピンスキー・ガスケット $\mathcal{SV}$ を考える．元の直角三角形の一辺を 1/2 にしたものを原点に，(1/2, 0) に，(0, 1/2) にそれぞれ移動させたものを合わせる．この操作を繰り返すと目的の図形ができることが理解されるだろう．この操作は，シアピンスキー・ガスケットが自己相似であることを示している．詳しく，正確な説明は次章で行う．

図 2.7 反復写像による変形シアピンスキー・ガスケット

2.2 シアピンスキー・ガスケットの「大きさ」

ここで，シアピンスキー・ガスケット $\mathcal{S}$ の面積や長さを計算してみよう．イニシエーターの面積を A_0 とすると，n ステップにおける面積は $A_n = A_0(3/2^2)^n$ であるから，$A_\infty = \lim_{n\to\infty} A_n = 0$ となる．一方，三角形の周囲の長さの総計をして $\mathcal{S}$ の長さとすると，イニシエーターでの長さを L_0 として $L_n = L_0(3/2^1)^n$ である．したがって，$L_\infty = \infty$ である．面積が 0，長さが無限大ではシアピンスキー・ガスケットを特徴づける「大きさ」といったものが存在しないことを意味している．カントール集合 $\mathcal{C}$ でも長さが 0，コッホ曲線 $\mathcal{K}$ でも長さが無限大といずれも対象を特徴づける「有限の大きさ」が存在しなかったことに注意しよう．シアピンスキー・ガスケット $\mathcal{S}$ において，面積や長さを計算するために，上ではわざわざ指数 2 と 1 を明記しておいた．そこで，それらの指数の代

わりに長さや面積か得体がしれないが，$(3/2^{\log 3/\log 2})^n$ とすれば，$n \to \infty$ としても有限に留まる．この事実が長さや面積を一般化した量「測度」の導入に導くのである．詳しい議論は 4 章で行う．

2.3 シアピンスキー・ガスケットの数学的記述

さて，1 章で論じたカントール集合でも明らかなように，幾何学的構成法だけではその図形の全てが理解できるわけではない．そのためにシアピンスキー・ガスケット $\mathcal{S}$ の幾何学的構成法の各ステップにおける各三角形を特定するアドレスを考案する．3 分割された三角形ごとに，左 (L)，右 (R)，上 (T) と名をつけると，$\mathcal{S}$ の幾何学的構成法における有限ステップにおける最小の三角形に，例えば，$LRTT$ というようにアドレスが割り当てられる．左から順に第 1 ステップで左の三角形，第 2 ステップで右の三角形，第 3 ステップで上の三角形というように，各ステップでいずれの三角形に相当するかが割り当てられる．どの三角形にも同じアドレスはない．ただし，図 2.8 に示されているような触点は $RTTRR\cdots$ と $RTRTT\cdots$ と 2 とおりの表記法がある．

この準備によって，シアピンスキー・ガスケットを構成する全ての要素となる点を分類することができる．分類は次のように行われる．該当する点を中心にして円を描いたときに，その円周上に何個の要素となる点が乗りうるかを判定する．同時に上で議論したアドレスにもそれぞれの特徴がある．まず，角の 3

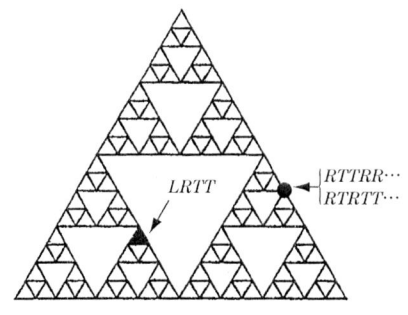

図 **2.8** 有限ステップにおける小三角形と触点のアドレス

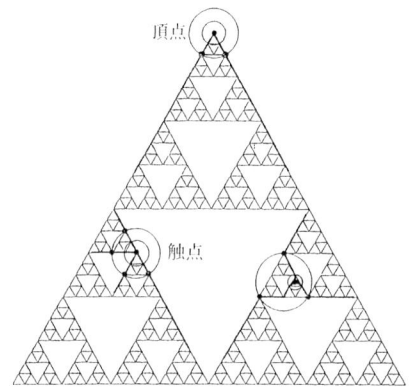

図 2.9 シアピンスキー・ガスケットの要素の分類

個の頂点は，円周上に 2 個の点が乗り，そのアドレスは 1 文字だけで $LLL\cdots$ のように表される．次にあげられるのが触点である．触点は円周上に 4 個の点が乗り，そのアドレスは $TLLRTTT\cdots$ のようにいつかは同じ文字が並ぶようになる．有限のステップで留まっている図を見る限りではこれで全ての点を考慮したように思われるかもしれない．しかし，幾何学的構成法における有限ステップでは存在しない非可算無限個の点が隠れているのである．それは，図 2.9 に示されているように，円周上に 3 個の点を乗せるもの，いい換えると内接する正三角形の中心である．幾何学的構成法のステップを進めていくと，極限としてそのような点が存在することが理解される．そのアドレスはまさしく無理数に相当するように L, R, T が無秩序に並んだものである．これに分類される格子点が圧倒的に多いことは明らかである．

2.4 シアピンスキー・ガスケットの拡張版

まず，シアピンスキー・ガスケットの高次元化を考えよう．中央の部分を除去する操作ではうまくいかない．一辺の長さを 1/2 にした部分 4 個をそれぞれ平行移動させて合体させなければならない．イニシエーターは，3 次元の場合四面体である．概念図を図 2.10 に与えてあるが，3 次元シアピンスキー・ガスケットの体積は 0，各四面体の表面積の和は有限，稜線の長さの和は無限大で

ある.

　シアピンスキーはガスケットとは異なる別のフラクタル図形も提案している.それは,図 2.11 に示されているが,シアピンスキー・カーペットと呼ばれている.なかなかよいネーミングである.シアピンスキー・カーペットのイニシエーターは内部を含んだ正方形である.一辺 1/3 の正方形 9 個に分割し,その中央にある小正方形を取り除く.これがジェネレーターとなる.残された 8 個の小正方形も 9 分割し,それぞれの中央部分を除去する.この操作を繰り返してできあがる図形がシアピンスキー・カーペットである.シアピンスキー・カーペットの面積は 0,各四角形の辺の長さの総和は発散する.ジェネレーターを変えると図 2.12 のように,さまざまな模様のカーペットが描かれる.

　シアピンスキー・カーペットはカントール集合の 2 次元版と考えられるが,3

図 2.10　3 次元シアピンスキー・ガスケット

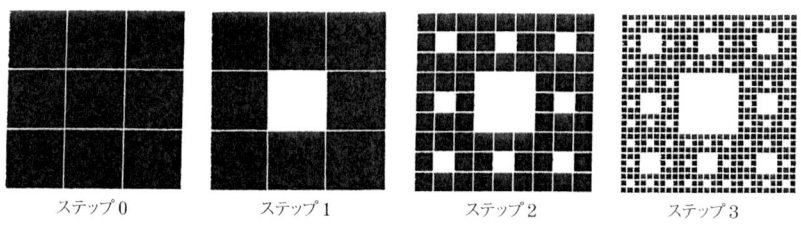

図 2.11　シアピンスキー・カーペットの幾何学的構成法

2. 古典的フラクタル II

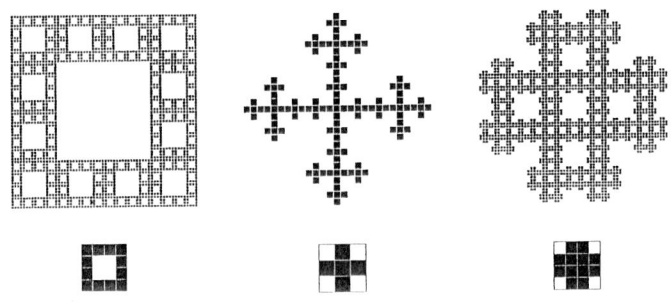

図 2.12 変形版シアピンスキー・カーペット（下はジェネレーター）

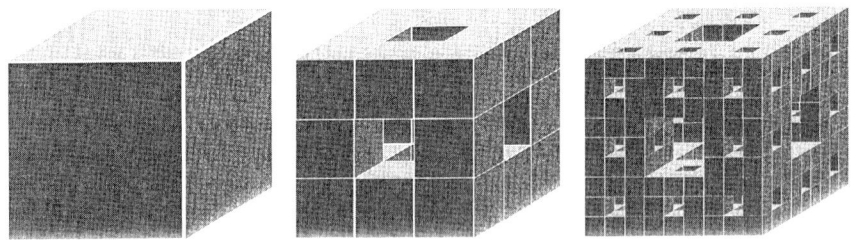

図 2.13 メンガー・スポンジの幾何学的構成法

次元版とみなされるものがメンガー・スポンジ（図 2.13）である．この名前もおもしろい．

3 自己相似性

　この章では「フラクタルの科学」における中心的概念である図形の「自己相似性」を議論する．多少数学的になるが，厳密性は犠牲にしても直観的な理解ができるように説明する．

3.1 自己相似性

　対称性は物理学では重要な概念でいろいろな場面に現れる．鏡面対称，偶奇対称など，どこかで耳にしたことがあろう．力学では空間の一様性が運動量の保存に，時間の一様性がエネルギー保存に，空間の等方性が角運動量の保存と密接に関係していることを学んだことであろう．
　対称性は一般にある操作をしても不変に保たれる性質のことをいう．時間の一様性は時間の原点をどこに取っても構わないことを意味している．同様に，空間の一様性は座標系の原点をどこに移動させても現象の記述が不変であることを保証する．球の等方性は回転に対しての不変性と等価である．自己相似性はスケール変換に対する不変性である．
　すべての物には大きさがある．しかし，われわれが対象物の「大きさ」を認識する視覚は全て相対的であることに注意しなければならない．写真に写された物体の「大きさ」を示すために，大きさがよくわかっている物を並べて写すことはわれわれの日常生活でよく経験することである．ゴジラが都会で暴れまわるシーンがミニチュアを使って撮影されるのは，大きさに関する視覚の相対性を利用しているのである．盆栽や箱庭も同じく広大な対象物を錯覚によって想像させる．これらは，実物の縮小，すなわちスケール変換を一度だけ行うが，

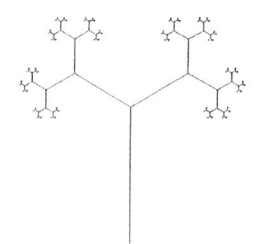

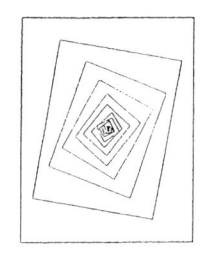

図 3.1 3 種類の自己相似的構造

何回スケール変換しても形が変わらない性質をスケール不変性という.

自己相似性は直観的にわかりやすい概念である.例えばコッホ曲線を取り上げれば図 1.8 にあるように,コッホ曲線の一部をスケール倍すると全体と相似(合同)になる.逆にいえば,全体と相似で縮小された形が全体の中に埋め込まれている.同様な説明は図 1.5 や図 2.7 にも示されている.

ここで,スケール不変性には厳密にいって区別されるべき分類があることに注意しよう.第 1 に,二つの鏡を平行においたときに見える不思議な像は,ここでは自己相似性とはいわないことにしよう.というのは,対称の中心が 1 点に限られるからである.テレビを見ているテレビの画面についても同様である.第 2 には,異方的な変換の場合である.よくフラクタル関係の書に登場するシダの葉や,木々のモデルが該当する.図 3.1 に例が示されている.自己相似性は,図形のどの部分を取り出しても全体と相似であることと限定して考えることにする.

自己相似性は直観的にも理解しやすい概念であるが,正確に記述するためには,やはり数学の手助けが必要である.最終的な目標は,図形の列を考え,その極限を定義することである.自己相似性は,その極限の概念を用いて説明される.図形の列とは,そもそも図形が似ているとはどのようなことか,その遠近はどのように数量化すればよいのか,どのような条件の場合に図形の列は極限をもつのか,このような問題を考えていく.

3.2 図形の相似変換

これまでに登場した古典的フラクタルと呼ばれる図形には，幾何学的構成のステップごとに縮小された相似図形が現れた．相似図形は相似変換によって得られる．一般に図形 $\mathcal{A}$ の相似変換は，平行移動 $T(\mathcal{A})$，回転 $R(\mathcal{A})$，スケール変換 $S(\mathcal{A})$ を組み合わせて，$T(R(S(\mathcal{A})))$ と表される．2 次元平面内の図形 $\mathcal{A}$ を長さのスケールを c 倍にし，角度 θ だけ回転し，(t_x, t_y) だけ平行移動する変換は，全ての $(x, y) \in \mathcal{A}$ に対して

$$\begin{cases} x' = c\cos\theta \cdot x - c\sin\theta \cdot y + t_x \\ y' = c\sin\theta \cdot x + c\cos\theta \cdot y + t_y \end{cases} \quad (3.1)$$

となる (x', y') に写像することである．この変換によって図形 $\mathcal{A}$ の面積は c^2 倍になる．

いろいろな図形に対して具体的に説明しよう．

1) カントール集合 $\mathcal{C}$：
 スケール変換は $c = 1/3$ である．1 次元的構造であるので左半分に対しては $w_1(x) = x/3$ となり，右半分には $t_x = 2/3$ の平行移動をともなって $w_2(x) = x/3 + 2/3$ が相似変換になる．

2) コッホ曲線 $\mathcal{K}$：
 図 3.2 に示されているように 4 種類の相似変換がある．スケール変換の因子はいずれも $1/3$ であるが，$w_2(x, y)$ と，$w_3(x, y)$ にはそれぞれ $\pm 60°$ の回転が，$w_2(x, y)$，$w_3(x, y)$，$w_4(x, y)$ にはそれぞれ $t_x = 1/3$, $t_y = 0$, $t_x = 1/2$, $t_y = \sqrt{3}/6$, $t_x = 2/3$, $t_y = 0$ の平行移動がともなう．まとめて，

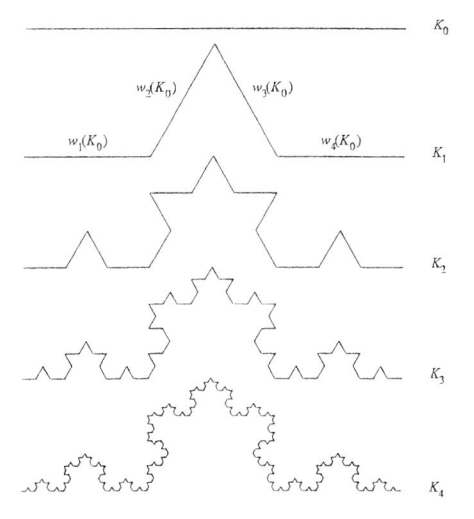

図 3.2 コッホ曲線の縮小変換

$$\begin{cases} w_1(x,y): & x' = \dfrac{1}{3}x, & y' = \dfrac{1}{3}y \\[4pt] w_2(x,y): & x' = \dfrac{1}{6}x - \dfrac{\sqrt{3}}{6}y + \dfrac{1}{3}, & y' = \dfrac{\sqrt{3}}{6}x + \dfrac{1}{6}y \\[4pt] w_3(x,y): & x' = \dfrac{1}{6}x + \dfrac{\sqrt{3}}{6}y + \dfrac{1}{2}, & y' = -\dfrac{\sqrt{3}}{6}x + \dfrac{1}{6}y + \dfrac{\sqrt{3}}{6} \\[4pt] w_4(x,y): & x' = \dfrac{1}{3}x + \dfrac{2}{3}, & y' = \dfrac{1}{3}y \end{cases} \quad (3.2)$$

である．

3) 変形シアピンスキー・ガスケット $\mathcal{SV}$：

表現を簡単にするために，前章でも取り上げた変形シアピンスキー・ガスケット $\mathcal{SV}$ を考える．スケール変換 $1/2$ の 3 種類の相似変換から構成されている．整理すると，(3.3) 式のようになる．

$$\begin{cases} w_1(x,y): & x' = \dfrac{1}{2}x, & y' = \dfrac{1}{2}y \\[4pt] w_2(x,y): & x' = \dfrac{1}{2}x + \dfrac{1}{2}, & y' = \dfrac{1}{2}y \\[4pt] w_3(x,y): & x' = \dfrac{1}{2}x, & y' = \dfrac{1}{2}y + \dfrac{1}{2} \end{cases} \quad (3.3)$$

3.3 図形の列とその極限

ここからは一般的に議論する．m 種類の相似変換を合成した相似変換

$$W(\mathcal{A}) = w_1(\mathcal{A}) \cup w_2(\mathcal{A}) \cup \cdots \cup w_m(\mathcal{A}) \tag{3.4}$$

によって，図形 $\mathcal{A}$ の幾何学的構成がなされるものとする．イニシエーター $\mathcal{A}_0$ に演算 $W(\mathcal{A}_0)$ をほどこしジェネレーター $\mathcal{A}_1$ を作図し，さらに $\mathcal{A}_1$ の相似変換 $W(\mathcal{A}_1)$ によって $\mathcal{A}_2$ を描く．幾何学的構成法とはこのように次々とステップを進めて図形を描くことに他ならない．こうして構成された図形の列 $\mathcal{A}_0, \mathcal{A}_1, \mathcal{A}_2, \cdots$ を考える．古典的フラクタルはこの図形の列の極限として与えられた．

この操作を具体的にカントール集合について行ってみよう．見やすくするために 2 次元平面内で取り扱う．相似変換は

$$\begin{cases} w_{\mathcal{C}1}(x,y): & x' = \dfrac{1}{3}x, \qquad y' = \dfrac{1}{3}y + \dfrac{1}{3} \\ w_{\mathcal{C}2}(x,y): & x' = \dfrac{1}{3}x + \dfrac{2}{3}, \quad y' = \dfrac{1}{3}y + \dfrac{1}{3} \end{cases} \tag{3.5}$$

を用いて

$$W_{\mathcal{C}}(\mathcal{A}) = w_{\mathcal{C}1}(\mathcal{A}) \cup w_{\mathcal{C}2}(\mathcal{A}) \tag{3.6}$$

と与えられる．y 座標に関する変換には任意性がある．一辺 1 の正方形を初期の図形 $\mathcal{A}_0$ としよう（図 3.3）．各頂点を $(0,0), (1,0), (0,1), (1,1)$ とする．相似変換によって $\mathcal{A}_0$ は

$$\begin{pmatrix} 0, \dfrac{1}{3} \end{pmatrix}, \quad \begin{pmatrix} \dfrac{1}{3}, \dfrac{1}{3} \end{pmatrix}, \quad \begin{pmatrix} \dfrac{1}{3}, \dfrac{2}{3} \end{pmatrix}, \quad \begin{pmatrix} 0, \dfrac{2}{3} \end{pmatrix} \\ \begin{pmatrix} \dfrac{2}{3}, \dfrac{1}{3} \end{pmatrix}, \quad \begin{pmatrix} 1, \dfrac{1}{3} \end{pmatrix}, \quad \begin{pmatrix} 1, \dfrac{2}{3} \end{pmatrix}, \quad \begin{pmatrix} \dfrac{2}{3}, \dfrac{2}{3} \end{pmatrix} \tag{3.7}$$

を各頂点とする一辺 $1/3$ の正方形 2 個である $\mathcal{A}_1$ になる．以下同様に一辺が $1/3$ となる正方形が 2 倍数だけ生成される．y 座標の変換は

$$y_{n+1} = \dfrac{1}{3}y_n + \dfrac{1}{3} \tag{3.8}$$

と等価であるから，図形の y 軸方向は $1/3$ ずつ短縮され，最終的には $y = 1/2$

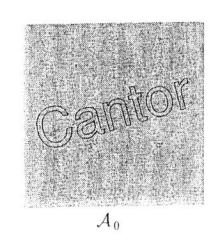

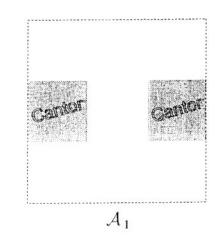

図 3.3 カントール集合へ収束する相似変換

線上にのる.x成分は,カントール集合の構成法と同じである.したがって,正方形を初期図形にした図形の列 $\mathcal{A}_0, \mathcal{A}_1, \mathcal{A}_2, \cdots$ はカントール集合に収束する.計算が複雑になるので単純な正方形から出発したが,この操作を振り返ってみると初期図形にはよらず,任意の図形を取り上げても同じ結論が導かれるように思われる.

また,初期図形にカントール集合 $\mathcal{C}$ そのものを考えたらどうなるのであろうか.(3.8)式より,$y_0 = 1/2$ であれば,$y_1 = y_2 = \cdots = y_n = \cdots = 1/2$ であるから,図形は常に $y = 1/2$ の線上に留まる.したがって,1章で調べたようにカントール集合にこの変換をほどこしても不変である.

同様な実験をシアピンスキー・ガスケットの相似変換についても行ってみる.図 3.4 に示されているように,$\mathcal{A}_0$ をどのように選んでも,最終的にはシアピンスキー・ガスケット $\mathcal{S}$ に収束する.さらに $\mathcal{S}$ は相似変換によって不変であることも見て取れる.

以上二つの例で見てきたことは何を意味しているのだろうか.まとめてみよう.幾何学的に構成された図形の列 $\mathcal{A}_0, \mathcal{A}_1, \mathcal{A}_2, \cdots$ は相似変換の漸化式

$$\mathcal{A}_{n+1} = W(\mathcal{A}_n) \qquad (n = 0, 1, 2, \cdots) \tag{3.9}$$

によってつくられる.それが特定の図形である古典的フラクタルに収束することは,その極限

$$\lim_{n \to \infty} \mathcal{A}_n = \mathcal{A}_\infty \tag{3.10}$$

が存在することである.または,古典的フラクタルに相似変換をほどこしても不変であることは

3.3 図形の列とその極限

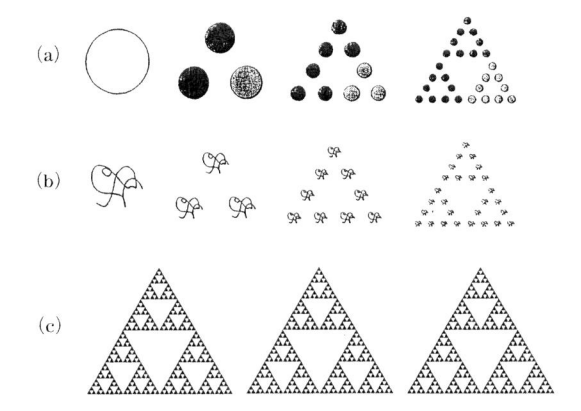

図 3.4 シアピンスキー・ガスケットへ収束する図形

$$W(\mathcal{A}_\infty) = \mathcal{A}_\infty \tag{3.11}$$

であることに他ならない．すなわち，収束値である古典的フラクタルは相似変換の固定点である．また，(3.11) 式より，

$$W(\mathcal{X}) = \mathcal{X} \tag{3.12}$$

を図形に関する方程式とみなし，その解が $\mathcal{A}_\infty$ であるとも理解できる．

さて，(3.11) 式に (3.4) 式を代入すると

$$\mathcal{A}_\infty = w_1(\mathcal{A}_\infty) \cup w_2(\mathcal{A}_\infty) \cup \cdots \cup w_m(\mathcal{A}_\infty) \tag{3.13}$$

と表される．すなわち，$\mathcal{A}_\infty$ はそれ自身を相似変換した $w_k(\mathcal{A}_\infty)$ ($k = 1, 2, \cdots, m$) の和集合（張合せ）である．これまで，図を用いて説明してきた自己相似性に他ならない．この操作を何回も繰り返すことができることも自明である．すなわち，2 回繰り返せば (3.14) 式のようになる．

$$\begin{aligned}\mathcal{A}_\infty = &\, w_1(w_1(\mathcal{A}_\infty) \cup w_2(\mathcal{A}_\infty) \cup \cdots \cup w_m(\mathcal{A}_\infty)) \\ &\cup w_2(w_1(\mathcal{A}_\infty) \cup w_2(\mathcal{A}_\infty) \cup \cdots \cup w_m(\mathcal{A}_\infty)) \\ &\cup \cdots \cup w_m(w_1(\mathcal{A}_\infty) \cup w_2(\mathcal{A}_\infty) \cup \cdots \cup w_m(\mathcal{A}_\infty))\end{aligned} \tag{3.14}$$

3.4 図形の列の収束条件

これまでの記述と上で展開した「実験」は，理論的な裏づけを欠いている．例えば，図形の列の収束を数列のそれと同様に議論することが可能であろうか，さらに図形の列が収束する条件は何か，などを吟味しなければならない．依拠する定理は付録Aに説明してある「完備距離空間における縮小写像」の原理である．この原理が適用できるためには，相似変換によって構成される図形の列 $\mathcal{A}_0, \mathcal{A}_1, \mathcal{A}_2, \cdots$ を要素とする空間が「完備距離空間」であること，相似変換 $W(\mathcal{A})$ が縮小写像であることを証明しなければならない．精密な証明は本書の意図にそぐわないと思われるので省略するが，興味がもたれるいくつかの点に触れることにしよう．

まず，「図形間の距離」をどのように導入すればよいかについて議論する．ハウスドルフによる「距離」の定義は次のようである．図形 $\mathcal{A}$ の ε 近傍なる $\mathcal{A}_\varepsilon$ を考える．X を距離 d で定義された完備距離空間とする．ここでは，n 次元ユークリッド空間とする．任意のコンパクトな部分集合 $\mathcal{A} \subset X$ に対して，ε 近傍なる $\mathcal{A}_\varepsilon$ は

$$\mathcal{A}_\varepsilon = \{x \in X \mid d(x, y) < \varepsilon \text{ となる } y \in \mathcal{A} \text{ が存在}\} \tag{3.15}$$

で定義される．図 3.5 を参照すると直観的に理解できるように，集合 $\mathcal{A}$ のまわりに幅 ε のカラーをつけたものである．ハウスドルフが導入した

$$h(\mathcal{A}, \mathcal{B}) = \min\{\varepsilon \mid \mathcal{A} \subset \mathcal{B}_\varepsilon \text{ かつ } \mathcal{B} \subset \mathcal{A}_\varepsilon\} \tag{3.16}$$

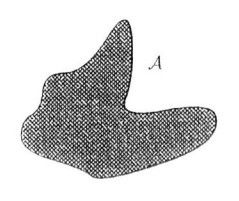

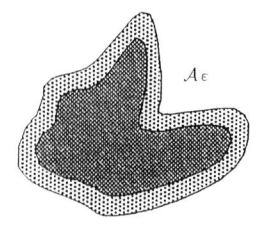

図 3.5　図形 $\mathcal{A}$ とその ε 近傍 $\mathcal{A}_\varepsilon$

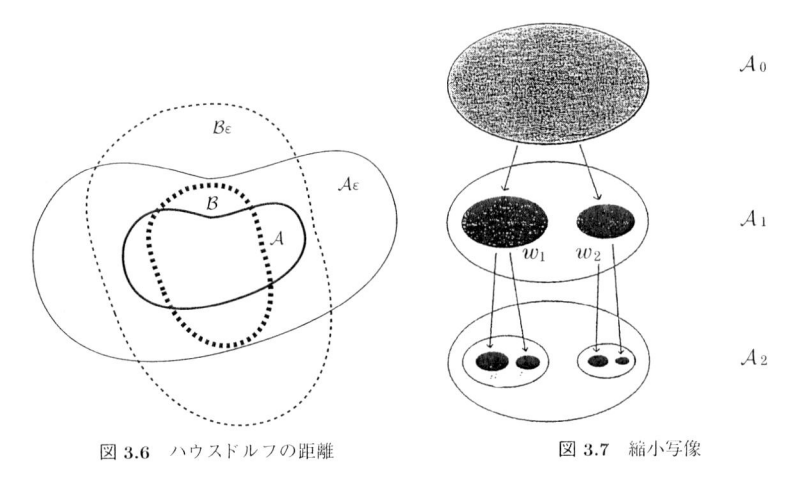

図 3.6 ハウスドルフの距離　　　図 3.7 縮小写像

は付録 A に与えた「距離」の定義に合致する．その図的な説明を図 3.6 に与えてある．

次に必要な条件は相似変換 $W(\mathcal{A})$ が縮小写像であることである．この条件が満たされていれば，図 3.7 にあるように相似変換をほどこすたびに図形の大きさは確実に小さくなる．端的に表現すれば相似変換におけるスケール因子 c が $0 \leq c < 1$ であることである．

図形の列の収束条件はおおよそこの 2 条件によって与えられる．

4 フラクタル次元 I

フラクタル図形はフラクタル次元という自然数でない半端な値をもつ次元によって特徴づけられる．逆に，自然数でない次元を一般にフラクタル次元と称し，そのような図形をフラクタルという．この章では，伝統的な次元の定義を復習してから，数学的に定義されるハウスドルフ次元を議論する．この次元は自然数に限らない値を取りうる．また，先の章で議論したさまざまなモンスターたちの特徴をいかし，簡単に適用できる相似次元の説明をする．マンデルブロが発明したボックス・カウント次元は次章で考察する．

4.1 次　　元

読者が次元といわれて最初に思い浮かべるのは何であろうか．われわれは，図 4.1 のような平面内の点の位置を指定するために座標系を導入する．原点 O と，互いに平行にはならない 2 本の座標軸を用意し，各軸に単位長さを決める．平面内の点の位置は，図 4.1 のような平行四辺形を描いたときの，各辺の長さを表す二つの実数の組 (x,y) で表現できる．空間内の点であれば，三つの実数の組 (x,y,z) が必要であり，曲線上の点では原点 O からたどった曲線の長さを表す一つの実数で十分である．ここに現れた 3，2，1 の数がそれぞれ空間，平面，曲線の次元に相当している．

数学の線形代数では，もう少し一般的な形で次元という量が現れる．そこではベクトル空間 V の基底の数がその空間の次元と定義される．すなわち，空間内 V の中に r 個の 1 次独立なベクトルは取れるが，任意の $(r+1)$ 個のベクトルは必ず 1 次従属になるとき，r を V の次元という．ベクトル空間 V の任意の

4.1 次元

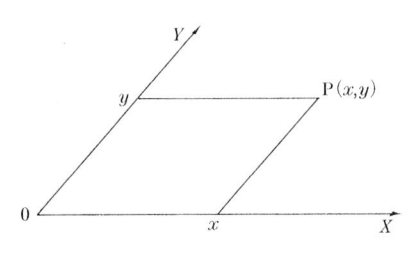

```
        Y
        |
      y |──────────P(x,y)
       /          /
      /          /
     /          /
    0──────────x──────X
```

図 4.1　平面座標系と座標

ベクトル $\boldsymbol{a}$ が基底 $\{\boldsymbol{e}_1, \boldsymbol{e}_2, \cdots, \boldsymbol{e}_r\}$ を用いて

$$\boldsymbol{a} = a_1\boldsymbol{e}_1 + a_2\boldsymbol{e}_2 + \cdots + a_r\boldsymbol{e}_r \tag{4.1}$$

と 1 次結合で表される場合，$(a_1, a_2, \cdots, a_r)$ が座標となる．先の図 4.1 では，座標軸上の単位長さの線分が基底である．

　数学的には，集合（図形）に自然な形で次元を対応させ，次の性質を要請する．n 次元ユークリッド空間 $\boldsymbol{R}^n$ 内の任意の集合 $\mathcal{A}$ に対する次元を $\dim(\mathcal{A})$ と表すと，

1) 1 点からなる集合 $\{p\}$ に対して，$\dim(\{p\}) = 0$，単位線分 I^1 に対して $\dim(I^1) = 1$，一般に m 次元超立方体 I^m に対しては，$\dim(I^m) = m$ である．

2) $\mathcal{A} \subset \mathcal{B}$ ならば，

$$\dim(\mathcal{A}) \leq \dim(\mathcal{B})$$

これらは，自然な性質である．

3) $\mathcal{A}_1, \mathcal{A}_2, \mathcal{A}_3, \cdots, \mathcal{A}_m$ を $\boldsymbol{R}^n$ 内の m 個の閉集合とするとき，

$$\dim\left(\bigcup_{i=1}^{m} \mathcal{A}_i\right) = \max_{1 \leq j \leq m} \dim(\mathcal{A}_j)$$

max の代わりに sup とすれば，可算無限個の場合にも成立する．可算無限個の集合列の場合は，集合列の極限が $\boldsymbol{R}^n$ に属するとは限らないからである（次節に sup の簡単な説明がある）．

4) $\boldsymbol{R}^n$ から $\boldsymbol{R}^n$ への同相写像である任意の写像 ψ と任意の集合 $\mathcal{A} \subset \boldsymbol{R}^n$ に対して，

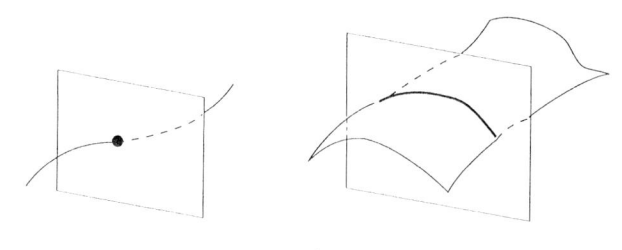

図 4.2 位相次元

$$\dim(\psi(\mathcal{A})) = \dim(\mathcal{A}) \qquad (4.2)$$

が成立する.

　同相写像とは，平行移動，回転などの合同変換やスケール変換を含む概念で，写像 ψ が全単射で，ψ およびその逆写像が連続であるときをいう．1 章で説明したペアノ曲線は連続写像ではあったが，全単射でなかったので，この性質と矛盾しないのである．

　これらの性質を満たす代表的なものに位相次元がある．これは帰納的に次元を定義していく．まず，点の次元を 0 と定める．曲線はそれがどんな形をしていようとも，円であろうともコッホ曲線であろうとも，それらを切断した断面には点が現れる．この事実より曲線の次元は点の次元に 1 を加えて 1 とみなす．同様に，曲面はそれがどのようにくしゃくしゃであろうとも切断すると曲線が現れるので次元を 2 とする．このように順次高次元を定義していくのである（図 4.2）．一方，高次元から順に低次元を決めていくやり方もある．例えば，球は 3 次元であるから，その境界である球面は 2 次元であるというように．両者は一致することが知られている．

4.2　ハウスドルフ次元

　これまで考えてきた次元は，いずれも 0 かあるいは正の整数であったが，ハウスドルフは非整数の次元が存在しうることを見出した．これは，同時に長さ，面積，体積といった常識で考えられている量についての反省をともなうものである．以下では，図形と集合を同義語として用いるので混乱しないように注意してもらいたい．

対象とする図形 $\mathcal{A}$ は，n 次元ユークリッド空間

$$R^n = \{x \mid x = (x_1, x_2, \cdots, x_n), x_i \in R\} \tag{4.3}$$

内に存在するものとする．n は自然数である．

まず，2, 3 の数学的準備をする．R^n 内の 2 点 x, y 間の距離をユークリッド距離

$$d(x, y) = \sqrt{\sum_{i=1}^{n} (x_i - y_i)^2} \tag{4.4}$$

で与える．次に，実数 R の部分集合 X に対して，その上限 $\sup\{x \in X\}$ と下限 $\inf\{x \in X\}$ を定義する．$a = \inf\{x \in X\}$ の意味は，X の全ての要素 x に対して $a \leq x$ であり，かつ任意の正の ε に対して $x < a + \varepsilon$ となる要素 x が X に存在することである．$a = \sup\{x \in X\}$ についても同様である（ただし不等号は逆向き）．a が X の要素である必要はないことを注意しておこう．開区間 $Y = (a, b)$ でも閉区間 $Z = [a, b]$ でも，$\inf\{x \in Y\} = \inf\{x \in Z\}$ である．inf, sup は実数だけでなく順序が定義される集合に対して広く用いられる有用な概念である．

さて，これらの量を用いて，図形の直径を次のように定義する．U を R^n の部分集合として，U の直径 $|U|$ を

$$|U| = \sup\{d(x, y) \mid x, y \in U\} \tag{4.5}$$

と与える．図 4.3 にあるように図形内の 2 点をあちらこちらに取ってみて，その間の距離の上限を求め，それを直径とみなそうというわけである．図形が円であれば，よく知られている直径と一致する．

最後に必要とする概念は，集合 $\mathcal{A}$ の δ 被覆である．集合 $\mathcal{A}$ の δ 被覆とは，その直径が δ より小さい，可算個もしくは有限の部分集合の組 $\{U_1, U_2, \cdots\}$ を用いて

$$\bigcup_i U_i \supset \mathcal{A} \tag{4.6}$$

となることである．図 4.4 にその様子を描いた．

これで図形 $\mathcal{A}$ の「大きさ」を表すハウスドルフ測度を定義する準備ができた．

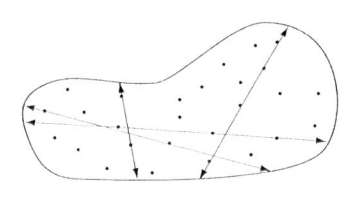

図 4.3 図形の直径の決め方

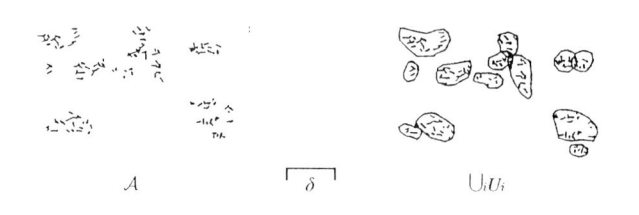

図 4.4 δ 被覆

測度と次元とは密接な関係がある．先の章でいくらか「予習」したように，有限な値をもつ「大きさ」がその図形にふさわしい「測度」であり，そのように調節する次元が決められる．

s と δ を正の実数としよう．そして

$$\mathcal{H}^s_\delta(\mathcal{A}) = \inf\left\{\sum_i |U_i|^s \,\middle|\, \{U_1, U_2, \cdots\} \text{ は集合 } \mathcal{A} \text{ の } \delta \text{ 被覆}\right\} \quad (4.7)$$

とおく．右辺の inf は，図形 $\mathcal{A}$ の δ 被覆がいろいろ考えられるが，その中で $\sum_i |U_i|^s$ が下限になるものを採用することを意味している．できるだけ効率よく覆うというわけである．被覆に用いる U_i は，大きさ（直径）はもちろん，形も特定していないので，被覆の方法はさまざまである．ただし，いくらうまく被覆しても和 $\sum_i |U_i|^s$ が有限になるとは限らないので，$\mathcal{H}^s_\delta(\mathcal{A}) \in [0, \infty]$ であることに注意する．

$\mathcal{H}^s_\delta(\mathcal{A})$ を $\mathcal{A}$ と s を固定して，δ の関数とみなしたとき，δ の減少につれて単調に増加することがわかる．なぜならば，任意の $\delta' \geq \delta$ に対して，δ 被覆となる集合の列 $\{U_0, U_1, U_2, \cdots\}$ は δ' 被覆にもなっているからである．inf の性質から不等式が理解される．すなわち，$\mathcal{H}^s_\delta(\mathcal{A}) \geq \mathcal{H}^s_{\delta'}(\mathcal{A})$ が成り立つ．したがって，∞ まで含めて

$$\mathcal{H}^s(\mathcal{A}) = \lim_{\delta \to 0} \mathcal{H}^s_\delta(\mathcal{A}) \tag{4.8}$$

となる極限が常に存在する．これは，s 次元ハウスドルフ測度と呼ばれる量である．

$\mathcal{H}^s(\mathcal{A})$ は，次の性質を満たす．
1) 空集合 ϕ に対し，$\mathcal{H}^s(\phi) = 0$.
2) $\mathcal{A} \subset \mathcal{B}$ ならば，$\mathcal{H}^s(\mathcal{A}) \leq \mathcal{H}^s(\mathcal{B})$.
3) $\boldsymbol{R}^n$ 内の任意の部分集合列 $\{\mathcal{A}_1, \mathcal{A}_2, \cdots\}$ に対して，
 $\mathcal{H}^s(\bigcup_i \mathcal{A}_i) \leq \sum_i \mathcal{H}^s(\mathcal{A}_i)$.

これらは，定義からほとんど自明であろう．逆に，上の 3 式が「測度」の定義そのものとして採用されることが多い．さらに，$\mathcal{A}$ が曲線であれば $\mathcal{H}^1(\mathcal{A})$ はその長さに，$\mathcal{A}$ が滑らかな面であれば $\mathcal{H}^2(\mathcal{A})$ はその面積に，$\mathcal{A}$ が滑らかな 3 次元物体であれば $\mathcal{H}^3(\mathcal{A})$ はその体積に比例係数を別にして一致することがわかる．したがって，ハウスドルフ測度は長さ，面積，体積といった概念を拡張したものと理解される．

$\boldsymbol{R}^n$ の部分集合 $\mathcal{A}$ から $\boldsymbol{R}^n$ への写像 ψ が，任意の $x, y \in \mathcal{A}$ に対して，

$$d(\psi(x), \psi(y)) \leq c\, d(x, y) \tag{4.9}$$

となる正の定数 c が存在するとき，ψ をリプシッツ写像といい，

$$\mathcal{H}^s(\psi(\mathcal{A})) \leq c^s \mathcal{H}^s(\mathcal{A}) \tag{4.10}$$

が成立する．特に，平行移動や回転の場合は，$d(\psi(x), \psi(y)) = d(x, y)$ であるから，ハウスドルフ測度が変わらないことがわかる．

さらに，図 4.5 のように図形 $\mathcal{A}$ を λ 倍した図形 $\lambda\mathcal{A}$ のハウスドルフ測度は図形 $\mathcal{A}$ のハウスドルフ測度と

$$\mathcal{H}^s(\lambda\mathcal{A}) = \lambda^s \mathcal{H}(\mathcal{A}) \tag{4.11}$$

のように関係する．

さて，次に $\mathcal{H}^s(\mathcal{A})$ を s の関数とみなした場合に，その振る舞いを調べよう．任意に選んだ $s < t$ に対して，$\mathcal{A}$ の任意の δ 被覆を $\{U_1, U_2, U_3, \cdots\}$ とすれば

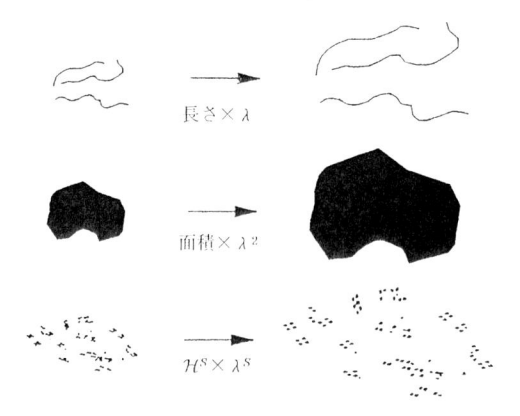

図 4.5 図形 $\mathcal{A}$ のスケール λ 倍

$$\sum_i |U_i|^t = \sum_i |U_i|^s |U_i|^{t-s} \leq \delta^{t-s} \sum_i |U_i|^s \qquad (4.12)$$

が成立するから,

$$\mathcal{H}^t_\delta(\mathcal{A}) \leq \delta^{t-s} \mathcal{H}^s_\delta(\mathcal{A}) \qquad (4.13)$$

となる.この式から重要な結論が導かれる.すなわち,$\mathcal{H}^s(\mathcal{A}) < \infty$ ならば $\delta^{t-s} \to 0$ であるから $\mathcal{H}^t(\mathcal{A}) = 0$ であること,また $\mathcal{H}^t(\mathcal{A}) > 0$ ならば $\mathcal{H}^s(\mathcal{A}) = \infty$ でなければならない.したがって,s の関数としての $\mathcal{H}^s(\mathcal{A})$ のグラフ (図 4.6) は,たかだか 1 個の不連続点をもつ階段関数であると結論される.

このときの不連続点の値を $\mathcal{A}$ のハウスドルフ次元と呼び,$\dim_H(\mathcal{A})$ と表す.これは,

$$\dim_H(\mathcal{A}) = \sup\{s \mid \mathcal{H}^s(\mathcal{A}) = \infty\} = \inf\{s \mid \mathcal{H}^s(\mathcal{A}) = 0\} \qquad (4.14)$$

と定義しても同じである.$0 < s < \dim_H(\mathcal{A})$ である s に対して,$\mathcal{H}^s(\mathcal{A}) = \infty$ となるのは,被覆に必要な集合の数が莫大になり和 $\sum_i^\infty$ の寄与が個々の $|U_i|^s$ が δ の減少につれて小さくなる効果を凌駕するためである.逆に,$s > \dim_H(\mathcal{A})$ の場合は,各項が無限小になるため和を取っても $\mathcal{H}^s(\mathcal{A}) = 0$ である.直観的な表現であるが,$0 < s < \dim_H(\mathcal{A})$ では図形を覆うには薄すぎ,$s > \dim_H(\mathcal{A})$

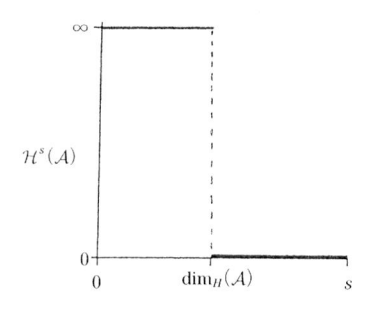

図 4.6　s の関数としての $\mathcal{H}^s(\mathcal{A})$ の振る舞い

では厚すぎるといえよう．

シアピンスキー・ガスケット $\mathcal{S}$ の面積が 0 で，長さが無限大であることを思い出そう．そのとき面積の指数 2 でもなく長さの指数 1 でもない，$\log 3/\log 2$ を指数に採用すると有限の正値が得られた．これがここで議論している $\dim_H(\mathcal{A})$ に相当するのである．ただし，$\mathcal{H}^{\dim_H(\mathcal{A})}(\mathcal{A})$ の値は，0 や ∞ の可能性もあり，正の有限値となるとは限らないことに注意しよう．この事実がフラクタル図形に対する数学的取扱いを困難にしている理由の一つとなる．

ハウスドルフ次元の諸性質を証明ぬきで列記しよう．

1) $\boldsymbol{R}^n$ の部分集合 $\mathcal{A}$ が開集合であれば $\dim_H(\mathcal{A}) = n$ である．なぜなら開集合の定義より，n 次元球を内部に含んでいるからである．

2) $\mathcal{A}$ が $\boldsymbol{R}^n$ 内に存在する滑らかな（連続で微分可能な）m 次元多様体（曲線 $m=1$，曲面 $m=2$）とすると，$\dim_H(\mathcal{A}) = m$ である．ハウスドルフ次元は位相次元と矛盾せず，それを拡張したものである．

3) もし $\mathcal{A} \subset \mathcal{B}$ であれば，$\dim_H(\mathcal{A}) \leq \dim_H(\mathcal{B})$ である．部分集合の次元は含まれる集合の次元以下である．

4) $\mathcal{A}_1, \mathcal{A}_2, \mathcal{A}_3, \cdots$ を可算個の集合列とすると，

$$\dim_H\left(\bigcup_i \mathcal{A}_i\right) = \sup_i\{\dim_H(\mathcal{A}_i)\} \qquad (4.15)$$

である．可算個の部分から構成されている全体の次元は，構成部分で最も大きい次元が支配している．

5) もし $\mathcal{A}$ が可算集合であれば，$\dim_H(\mathcal{A}) = 0$ である．点の集まりである可算集合は，数がいくら多くても可算個であれば点の次元と変わらない．カントール集合 $\mathcal{C}$ やシアピンスキー・ガスケット $\mathcal{S}$ は非可算無限個の点からなる集合であった．

6) ψ を $\mathcal{A}$ から $\mathbf{R}^n$ へのリプシッツ写像（前出）とすると，$\dim_H(\psi(\mathcal{A})) \leq \dim_H(\mathcal{A})$ が成り立つ．

次に，簡単な例としてカントール集合 $\mathcal{C}$ のハウスドルフ次元を計算してみよう．$\mathcal{C}$ と閉区間 $[0, 1/3]$ との共通部分を $\mathcal{C}_L$，$[2/3, 1]$ との共通部分を $\mathcal{C}_R$ とする．それぞれは，$\mathcal{C}$ と相似形であるが，スケールは $c = 1/3$ である．また，$\mathcal{C}_L \cup \mathcal{C}_R = \mathcal{C}$，$\mathcal{C}_L \cap \mathcal{C}_R = \phi$ (空集合) である．(4.11) 式より

$$\mathcal{H}^s(\mathcal{C}) = \mathcal{H}^s(\mathcal{C}_L) + \mathcal{H}^s(\mathcal{C}_R) = (c^s + c^s)\mathcal{H}^s(\mathcal{C}) \tag{4.16}$$

が成立する．もし，$s = \dim_H(\mathcal{C})$ で $0 < \mathcal{H}^s(\mathcal{C}) < \infty$ であれば，両辺を $\mathcal{H}^s(\mathcal{C})$ で割ることができて，$1 = 2c^s$，すなわち，

$$s = \dim_H(\mathcal{C}) = \frac{\log 2}{\log 3} \tag{4.17}$$

と結論される．しかし，$\mathcal{H}^{\dim_H(\mathcal{C})}(\mathcal{C})$ の値が有限であることを仮定しないとすると，この結論を導くためには別の手続きを経なければならない．

ハウスドルフ次元は数学的な基礎が明確であるが，具体的な図形に適用して数値を計算することはきわめて困難である．特に，δ 被覆に現れる下限 inf を 1 次元以上の図形の場合に実行することが難しい．

4.3 相似次元

自己相似性を示し，かつその構成法が明らかな図形を特徴づけるために有効な次元が相似次元である．対象物が，全体と相似な形をして，あらゆるスケール因子の部分に分割できる場合に自己相似性を満たすといったことを確認しよう．

まず，直観的に次元の概念を反省してみよう．図4.7にあるように，線分，正方形，立方体も自己相似性を満たしている．これらの場合，一辺の長さを $1/3$ にすると，それぞれ $3^1 = 3$，$3^2 = 9$，$3^3 = 27$ 個の縮小された相似形ができる．

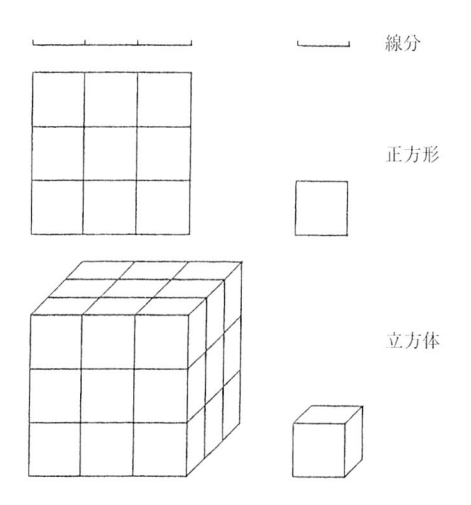

図 4.7 線分，正方形，立方体の自己相似性

ここに表れた指数 $1, 2, 3$ が線分，正方形，立方体の次元に相当している．一般的にスケール因子 c で図形 $\mathcal{A}$ の相似形をつくると，生成される相似形の数 $\mathcal{N}$ は

$$\mathcal{N} = \left(\frac{1}{c}\right)^{d_S} \tag{4.18}$$

と，べき乗の形で表現される．指数 d_S が次元の位置にあるが，これは

$$d_S = \frac{\log \mathcal{N}}{\log(1/c)} \tag{4.19}$$

と変形され，$d_S = \dim_S(\mathcal{A})$ は図形 $\mathcal{A}$ の相似次元と呼ばれる．しかし，4.1 節で触れた数学的に定義される次元の性質は満たされない．対数関数の性質から対数の底はなんであっても構わないこと，(4.19) 式において，$\dim_S(\mathcal{A})$ を自然数と考える必然性はどこにもないことに注意する．

3 章で取り上げた古典的フラクタルと呼ばれる図形は，全てスケール因子 c で縮小された部分がいくつかできるという構造になっていたことを思い出そう．例えば，コッホ曲線 $\mathcal{K}$ においては，スケール因子 $c = 1/3$ の部分が $\mathcal{N} = 4$ 個存在した．スケール因子を任意の自然数 k に対して $c = (1/3)^k$ とすれば，$\mathcal{N} = 4^k$ である．いずれの k にしても，コッホ曲線 $\mathcal{K}$ の相似次元

表 4.1 いろいろな図形の相似次元

図形 $\mathcal{A}$	スケール因子	複製個数	相似次元 $\dim_S(\mathcal{A})$
カントール集合 $\mathcal{C}$	$(1/3)^k$	2^k	$\log 2/\log 3 \doteqdot 0.6309$
シアピンスキー・ガスケット $\mathcal{S}$	$(1/2)^k$	3^k	$\log 3/\log 2 \doteqdot 1.5850$
シアピンスキー・カーペット $\mathcal{SC}$	$(1/3)^k$	8^k	$\log 8/\log 3 \doteqdot 1.8928$
ペアノ曲線 $\mathcal{P}$	$(1/3)^k$	9^k	$\log 9/\log 3 = 2$
3次元シアピンスキー・ガスケット	$(1/2)^k$	4^k	$\log 4/\log 2 = 2$

は $\dim_S(\mathcal{K}) = \log 4/\log 3 \doteqdot 1.2619$ と得られる．他の図形についても相似次元が同様に計算でき，結果を表 4.1 にまとめた．こうしてまとめて見ると，$\dim_S(\mathcal{C}) < \dim_S(\mathcal{K}) < \dim_S(\mathcal{S}) < \dim_S(\mathcal{SC}) < \dim_S(\mathcal{P})$ の大小関係が成立している．総じて込み入っている図形ほど大きな相似次元となっており，われわれの直観と合致している．ただし，3次元シアピンスキー・ガスケットのように，3次元物が2次元とは奇妙に感じられるかもしれない．また，同じ次元であっても，われわれが受ける印象は随分異なっている場合もある．

3章で説明したように，数学的に自己相似性をもつ図形を定義すると，$0 \le c_i < 1$ のスケール因子をもつ相似変換 $w_i(\mathcal{A})$ $(i = 1, 2, \cdots, \mathcal{N})$ の複合写像 $W(\mathcal{A}) = w_1(\mathcal{A}) \cup w_2(\mathcal{A}) \cup \cdots \cup w_\mathcal{N}(\mathcal{A})$ に対して，

$$\mathcal{A} = W(\mathcal{A}) \tag{4.20}$$

を満たす図形 $\mathcal{A}$ と表現できた．この定義を用いて

$$\sum_{i=1}^{\mathcal{N}} c_i^d = 1 \tag{4.21}$$

を d に関する方程式とみなし，解となる正の実数として相似次元 d_S を一般化できる．先に議論したのは $c_1 = c_2 = \cdots = c_\mathcal{N}$ の場合であった．こうして与えられた相似次元には前節で議論したハウスドルフ次元と

$$\dim_H(\mathcal{A}) \le \dim_S(\mathcal{A}) \tag{4.22}$$

の関係がある．また，開集合条件を満たす相似縮小変換の組 $\{w_1, w_2, \cdots, w_m\}$ で定まる自己相似図形 $\mathcal{A}$ に対し，

$$\dim_H(\mathcal{A}) = \dim_S(\mathcal{A}) \tag{4.23}$$

が成立する．開集合条件を満たすとは，縮小写像の組 $\{w_1, w_2, \cdots, w_m\}$ が

$$w_i(\mathcal{A}) \subset \mathcal{A} \quad \text{かつ} \quad w_i(\mathcal{A}) \cap w_j(\mathcal{A}) = \phi \qquad (i \neq j) \qquad (4.24)$$

を満たす空でない開集合 $\mathcal{A}$ が存在するときにいう．もし，この開集合条件が満たされていれば，困難なハウスドルフ次元の計算は，簡単な相似次元の計算でおき換えられることになる．

5 フラクタル次元 II

これまで説明してきたハウスドルフ次元や相似次元は自然数に限らない半端な数を次元としてもちえた．しかし，数値を具体的に計算することが困難であったり，適用できる対象が限られているという欠点がある．そこに登場するのが，この章で説明するボックス・カウント次元である．この方法は厳密ではないが，応用範囲は限りがなく，しかも誰にでもできる簡便な方法である．フラクタルの大衆化である．

さらに，次元ではないが図形を特徴づけるさまざまな指数について説明する．次元と同じような役割をする量で，自然数とならない場合はフラクタル次元と称されることもある．

5.1 ボックス・カウント次元

ハウスドルフ次元を計算する際に，どこが困難であったかを前章の説明に基づいて反省してみよう．まず，δ 被覆によるハウスドルフ測度の計算が壁になる．ところが，被覆する集合の直径をすべて同じ ($|U_i| = \delta$) にしたらどうなるだろうか．被覆する集合の総数を $N(\delta) = \sum_i 1$ と記して，(4.7) 式は

$$\mathcal{H}^s_\delta(\mathcal{A}) = \delta^s \inf\{N(\delta)\} \qquad (5.1)$$

と，しごく簡単になる．しかし，直径を同じにしても覆い方は無数にあるので，その下限となる上手な覆い方を選ばねばならない．次に阻む壁は，この inf をいかに求めるかである．ところが，ハウスドルフ測度やフラクタル次元は，$\delta \to 0$ の極限で定義される量であるから，小さい δ に対して $N(\delta)$ は非

常に大きい数になることが予想される．厳密な値がわからなくても，例えば10000001234であるべきところが10000061384であっても，具体的なフラクタル次元の値は実用上無視できるだけの誤差しか生じないと考えられる．このように考えたらどうだろう．どのような被覆の方法を採用しても構わなく，代表的な $N(\delta)$ を使えばよいということになる．すなわち，代表とする $N(\delta)$ を用いて，$\mathcal{H}^s(\mathcal{A}) = \lim_{\delta \to 0} \delta^s N(\delta)$ は，

$$\dim_B(\mathcal{A}) = \lim_{\delta \to 0} \frac{\log N(\delta)}{\log(1/\delta)} \tag{5.2}$$

と定義して

$$\delta^s N(\delta) \to \begin{cases} \infty & (s < \dim_B(\mathcal{A})) \\ 0 & (s > \dim_B(\mathcal{A})) \end{cases} \tag{5.3}$$

となる．$\mathcal{H}^s(\mathcal{A})$ が無限大から0に変化する s 値は $s = \dim_B(\mathcal{A})$ と与えられる．すなわち，(4.18) 式と類似した

$$N(\delta) \propto \delta^{-\dim_B(\mathcal{A})} \tag{5.4}$$

の関係が成り立つ．$\dim_B(\mathcal{A})$ をボックス・カウント次元と呼び，簡単に d_B と表す．フラクタル次元と通称されることもある．なぜボックス・カウントなのかは後で説明する．

残された問題は代表とすべき被覆の方法である．直径を一定にした被覆の方法といっても図 5.1 に示されているように，平面上の図形に対しても多種多様である．図 5.1 (b) では，重なりを許しながら直径 δ の円で図形を覆っている．図 5.1 (c) でカバーするのは，対角線の長さが δ の正方形である．平面上に間隔 δ のメッシュを描き，図形を含むセル（小正方形）を残したのが図 5.1 (d) である．図 5.1 (e) では，直径の大きさは一定であるが，被覆する図形の形はさまざまである．これらの中でどれを採用したら最良の $N(\delta)$ が得られるのか不明である．しかし，幸いなことにどの方法でも等価であることが証明されている．その論拠は上に述べたように多少の誤差は次元の値まで影響を与えることはないという事実である．

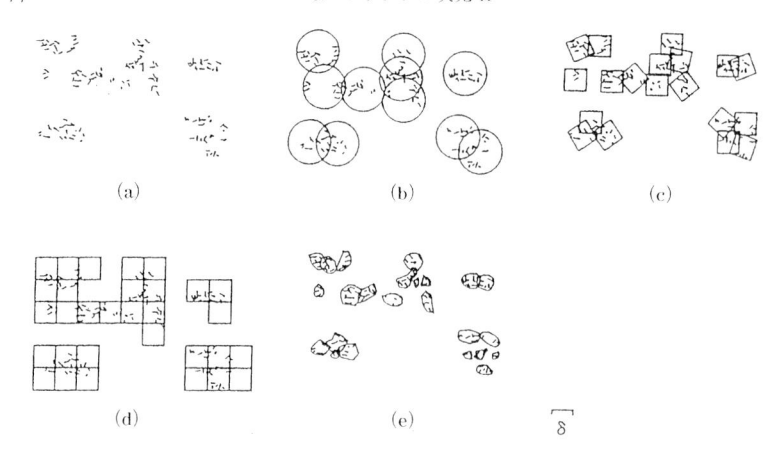

図 5.1 さまざまな被覆の方法

5.2 ボックス・カウント次元の測り方

さて，以上の予備的考察に基づいて，具体的な対象に対してどのようにボックス・カウント次元を測ったらよいかを説明しよう．図 5.1 の中で最も被覆が簡単である方法は図 5.1 (d) のメッシュ法である．例えば図 5.2 のような図形が平面上にあったとしよう．図形を覆うために全体にかかった網目（メッシュ）を用意する．網目の間隔を δ とする．図形を直径 $\sqrt{2}\delta$ の正方形（セルまたはボックスという）で覆うことになるが，$\sqrt{2}$ の因子の違いは対数をとるため無視できる．こうして覆われたセルの内部に図形の一部を含んでいるセルの数 $N(\delta)$ を数え上げる．セルのことをボックスと呼ぶことから，この方法はボックス・カウント法といわれ，得られた次元はボックス・カウント次元と命名されている．

δ の値を次々と変えて同様な作業を繰り返し，$N(\delta)$ のデータを準備する．これを $\log \delta$ を横軸に，$\log N(\delta)$ を縦軸にして，両対数グラフに図 5.3 のようにプロットする．いずれ勾配を問題にするので対数の底はなんであっても構わない．$N(\delta) = c\delta^{-d_B}$ の関係が成立していれば，

$$\log N(\delta) = \log c - d_B \log \delta \tag{5.5}$$

5.2 ボックス・カウント次元の測り方

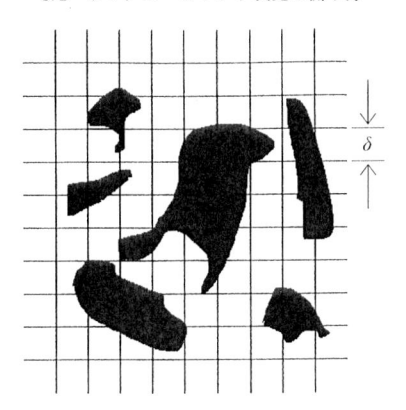

図 5.2 ボックス・カウント法

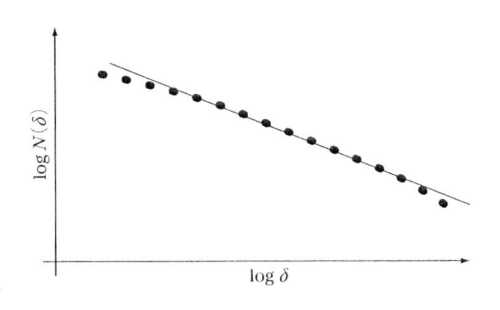

図 5.3 両対数グラフ上へのプロット

であるから,両対数グラフ上で直線となるはずである.直線の絶対値勾配を測ればボックス・カウント次元 d_B が求められる.

先に求めたデータ $N(\delta)$ が直線の上に十分広い範囲でのっていることを確かめねばならない.できれば常用対数目盛りで 2 桁以上で直線関係が確認できることが好ましい.自然界に現れる図形は数学的な対象物と異なり,完全な自己相似性を示すことはない.自己相似性が成立する有限の範囲が存在するので,両対数グラフ上へのプロットも図 5.3 に示されているように,大きい δ と小さい δ の領域で直線からのはずれが観測されることが多い.

図形が図 5.4 のように曲線状の場合は,デバイダー法の方が便利である.デバイダー法は,デバイダーの開き δ で曲線にそって印をつけ,印を結んだ折線で曲線を近似する.線分の本数 $N(\delta)$ をカウントし,δ を変えつつデータ $N(\delta)$

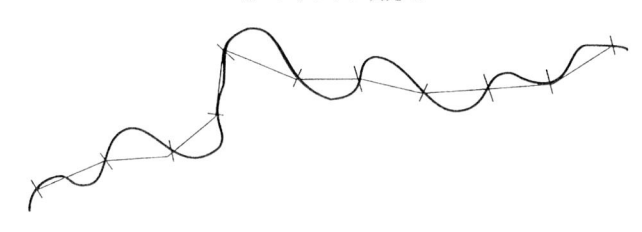

図 5.4 デバイダー法

を作成する．文献によってはボックス・カウント法と区別しているが，デバイダー法は結局円で図形を覆うのであるから本書では区別しなかった．

このように，マンデルブロが発見したボックス・カウント法は，どのような対象に対しても，目盛りつき定規と両対数方眼紙さえあれば誰にでもできる，フラクタル次元を求めるための簡便法である．

5.3 ハウスドルフ次元との関係

ハウスドルフ次元との大小関係はすぐわかる．ハウスドルフ測度は inf のため δ 被覆の中でももっとも巧妙に図形 $\mathcal{A}$ を覆うことによって得られる．一方，ボックス・カウント法では覆う集合の直径を一定にするという制約がつけられている．したがって，

$$\mathcal{H}^s_\delta(\mathcal{A}) \leq \delta^s N(\delta) \tag{5.6}$$

の大小関係が成立する．よって，

$$\dim_H(\mathcal{A}) \leq \dim_B(\mathcal{A}) \tag{5.7}$$

と結論される．この等号は多くの場合に成り立つが，一般的ではない．

この両者が一致しない有名な例をあげよう．可算無限個の要素からなる集合

$$\mathcal{A} = \left\{ 0, 1, \frac{1}{2}, \frac{1}{3}, \cdots \right\} \tag{5.8}$$

のハウスドルフ次元は $\dim_H(\mathcal{A}) = 0$ であるが，ボックス・カウント次元は $\dim_B(\mathcal{A}) = 1/2$ であるので両者は一致しない．

$\dim_B(\mathcal{A})$ の計算法は次のようである．被覆する集合（いまの場合は線分）の

大きさ $|U|=\delta<1/2$ を $1/(k-1)-1/k>\delta\geq 1/k-1/(k+1)$ を満足するように選ぶと，線分 U は $\{1,1/2,1/3,\cdots,1/k\}$ のせいぜい 1 個しか覆うことができない．したがって，$\mathcal{A}$ を覆うためには少なくとも直径 δ の線分 k 個が必要である（$N(\delta)\geq k$）．この考察より不等式

$$\frac{\log N(\delta)}{-\log \delta} \geq \frac{\log k}{\log\{k(k+1)\}} \tag{5.9}$$

が成り立つことがわかる．$\delta\to 0$ と $k\to\infty$ の極限をとることによって，$\dim_B(\mathcal{A})\geq 1/2$ が導かれる．逆に，区間 $[0,1/k]$ を長さ δ の線分で覆うには少なくとも $k+1$ 個の線分が必要であり，残りの $k-1$ 個の点は別の $k-1$ 個の線分によって覆われることから（$N(\delta)\leq(k+1)+(k-1)=2k$），

$$\frac{\log N(\delta)}{-\log \delta} \leq \frac{\log(2k)}{\log\{k(k-1)\}} \tag{5.10}$$

の不等式が成立する．同じく極限操作 $\delta\to 0$ によって $\dim_B(\mathcal{A})\leq 1/2$ が得られる．二つの不等式が成立するためには

$$\dim_B(\mathcal{A})=\frac{1}{2} \tag{5.11}$$

でなければならない．

5.4 相関関数

　次元とは異なるが，フラクタルの科学でしばしば登場するいくつかの指数がある．特に，考察下の現象の詳細によって変化することのない「特性指数」が重要である．特性指数は現象の詳細によらず不変に保たれ，頑丈である．このことを「普遍性」という．逆に，特性指数が異なる値を示すことは，比較している現象が本質的に異なる性質を有することになる．以下の節に登場する空間は通常の d 次元ユークリッド空間である．

　この節では相関関数を説明する．空間内の位置 r に依存し，考察の対象とする量を $\rho(r)$ としよう．その空間的変動を特徴づける代表的な量が相関関数であり，

$$C(\boldsymbol{r},\boldsymbol{r}') = \langle \{\rho(\boldsymbol{r}) - \langle\rho(\boldsymbol{r})\rangle\}\{\rho(\boldsymbol{r}') - \langle\rho(\boldsymbol{r}')\rangle\}\rangle$$
$$= \langle \rho(\boldsymbol{r})\rho(\boldsymbol{r}')\rangle - \langle\rho(\boldsymbol{r})\rangle\langle\rho(\boldsymbol{r}')\rangle \qquad (5.12)$$

と定義される．下式は上式の { } の積を展開すれば得られる．ここで 〈 〉 はサンプル (標本) 平均を表している．

(5.12) 式の意味するところは次のとおりである．位置 $\boldsymbol{r}$ において物理量 $\rho(\boldsymbol{r})$ が平均値 $\langle\rho(\boldsymbol{r})\rangle$ より大きい (小さい) とする．その影響を受けて，異なる位置 $\boldsymbol{r}'$ における $\rho(\boldsymbol{r}')$ もその平均値 $\langle\rho(\boldsymbol{r}')\rangle$ より大きい (小さい) 値を取る確率が大きい場合，時空の 2 点間に正の相関が存在するという．平均値からの差が逆符号であれば負の相関である．このように $C(\boldsymbol{r},\boldsymbol{r}')$ は，符号も含めて相関の強さを表す量である．相関が強ければ $\boldsymbol{r}$ における $\rho(\boldsymbol{r})$ と $\boldsymbol{r}'$ における $\rho(\boldsymbol{r}')$ は互いに強く依存しあっていることになる．逆に，互いに全く独立であれば $C(\boldsymbol{r},\boldsymbol{r}') = 0$ である．

さて，平均を取った量に対しては空間的に一様であり，かつ等方的であると仮定することは合理的であろう．したがって，空間の原点の平行移動に対して不変であるから

$$C(\boldsymbol{r},\boldsymbol{r}') = C(|\boldsymbol{r} - \boldsymbol{r}'|) \qquad (5.13)$$

と，相関関数は 2 点間の距離の関数となる．その場合は，サンプル (標本) 平均を空間平均におき換えて

$$\langle\rho(\boldsymbol{r})\rangle = \frac{1}{V}\int \rho(\boldsymbol{r})\mathrm{d}^d\boldsymbol{r} = \bar{\rho} \quad (=\text{一定}) \qquad (5.14)$$

$$C(\boldsymbol{r}) = \frac{1}{V}\int \rho(\boldsymbol{r}')\rho(\boldsymbol{r}+\boldsymbol{r}')\mathrm{d}^d\boldsymbol{r}' - \bar{\rho}^2 \qquad (5.15)$$

によって計算することも可能である．ここで，V は系の体積である．結局，$|\boldsymbol{r}| = r$ として

$$C(\boldsymbol{r}',\boldsymbol{r}+\boldsymbol{r}') = C(r) \qquad (5.16)$$

を以下の議論の対象とする．

さて，相関関数 $C(r)$ がどのような関数形になるか考えよう．ある点から微視的な距離 $\xi'(\ll r)$ まで直接の影響が及ぶものとする．ξ' としては，流体であれ

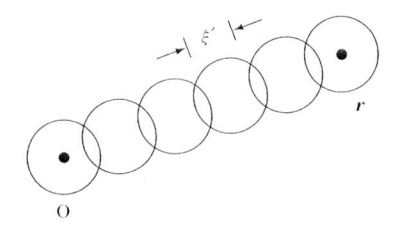

図 5.5 2 点間に相関が及ぼされる概念図

ば分子間の相互作用が及ぶ距離を想定すればよい．したがって，位置 r までにおおよそ r/ξ' 個の小さな領域を巡って影響が波及すると考えられる（図 5.5）．それぞれの領域内で相関関数に寄与する確率を K とおくと，影響は必ず減ずるから $K < 1$ である．相関関数に対する r/ξ' 個の領域からの寄与はほぼ独立と考えられるから，$C(r) \simeq K^{r/\xi'}$ と表される．つまり，

$$C(r) \simeq \exp\left[\frac{-r}{\xi}\right] \tag{5.17}$$

と指数関数の形になることがわかる．ここで，

$$\xi = \frac{\xi'}{|\log K|} \tag{5.18}$$

は，相関距離と呼ばれ，系における物理量がほぼ同じ値を取る領域の大きさを指し示す重要な量である．逆の表現では，ある点からの相関が喪失する距離の目安が相関距離 ξ である．ここで，記号 $A \simeq B$ は，「A は不必要な係数を別にして主要な項である B と等しい」を意味している．以下でも同様な意味で用いる．

以下の数章で議論される，いわゆる「臨界状態」では相関距離が無限大になる異常が発現する．臨界状態では比例係数が重要になり，特に

$$C(r) \simeq r^{-d_C} \tag{5.19}$$

と，べき則に従う場合が興味深い．ただし，$r \to \infty$ における漸近形として現れる．もし，(5.19) 式が成立していれば，$r \to cr$ とスケール変換しても

$$C(cr) = c^{-d_C} C(r) \tag{5.20}$$

と，同じくべき則が同じ指数に対して成立することになる．対象となる図形の

スケールを c 倍して相関関数を計算して，横軸を cr とし縦軸を c^{d_C} 倍すれば $C(r)$ と同一の曲線になる．自己相似性の異なる表現である．

興味深いことは，ここで現れる指数 d_C が対象の詳細に依存せず，同じ値となる普遍性を示すことが多くの場合に観察されることである．この指数 d_C は考察下の現象の特徴を指定する量であり，特性指数の一つとして考えられる．

5.5 その他の特性指数

相関関数に現れる特性指数 d_C の他に特性指数の候補となりうる指数のいくつかを取り上げる．

a. 質量の動径分布

d 次元ユークリッド空間内に，質点が散在する図 5.6 のような図形を想像しよう．点 $\boldsymbol{r}$ を含む微少領域 $\mathrm{d}^d\boldsymbol{r}$ 内の質点の総質量を $m(\boldsymbol{r})\mathrm{d}^d\boldsymbol{r}$ と表し，$m(\boldsymbol{r})$ を質量分布と呼ぶ．図形内のある 1 点を中心として

$$M(R) = \int_{0 \le |\boldsymbol{r}| \le R} m(\boldsymbol{r})\mathrm{d}^d\boldsymbol{r} \tag{5.21}$$

を質量の動径分布という．この質量の動径分布が

$$M(R) \simeq R^{d_M} \tag{5.22}$$

となる場合が興味深く，ここで現れる指数 $d_M(\ge 0)$ が特性指数となる．ただし，べき則は任意の R において成り立つのではなく，$R \to \infty$ の漸近形として

図 5.6 質量の動径分布

現れる．

質量分布が一様な場合は $d_M = d$ であるので，d_M はフラクタル次元とみなされることがある．

b. サイズの累積分布

さまざまな大きさをした断片から構成されている図 5.7 のような図形を対象とする．この図形をそれぞれの断片の配置は無視して，その「大きさ」の分布を考察する．ここでは断片の「大きさ」をその面積 A_i で測ることにする．i は断片の番号である．A_i が $[A, A+\mathrm{d}A]$ の範囲に存在する断片の総数を $n(A)\mathrm{d}A$ とし，サイズ分布という．また，

$$N(<A) = \int^A n(A)\mathrm{d}A \tag{5.23}$$

を累積分布という．

累積分布 $N(<A)$ が $A \to \infty$ の漸近形としてべき則

$$N(<A) \simeq A^{d_A} \tag{5.24}$$

に従う場合が興味深い．指数 d_A が特性指数になる．(5.24) 式が成立すれば，定義より $n(A) \simeq A^{d_A-1}$ であるから，$n(A)$ を解析することによって指数 d_A を求めることができる．しかし，実際上解析するには累積分布の方が便利で，か

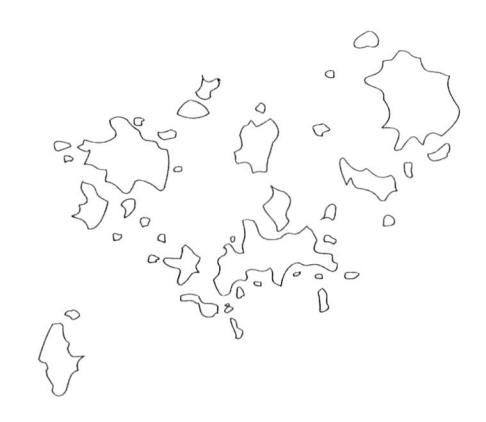

図 5.7 さまざまな大きさの断片が散在している図形

つ精度よく求められる．累積分布は A の増加関数であり，通常は大きいサイズの断片は少ないので

$$0 \leq d_A \leq 1 \tag{5.25}$$

の条件が存在することに注意しよう．

c. 物理量のスケーリング則

いま，二つの正のパラメータ p, q によって

$$a = f(p, q) \tag{5.26}$$

と表される関数関係のある物理量 a を考える．ここで，なんらかの理由から，1変数の関数 $g(x)$（スケーリング関数という）を用いて，

$$a = p^\alpha g\left(\frac{q}{p^\beta}\right) \tag{5.27}$$

と書き直されると仮定しよう．この仮定をスケーリング仮説といい，a はスケールされるという．

もし，このスケーリングが可能であれば，われわれは非常に幸運に恵まれているといえよう．パラメータ p, q の関数として a の値を求めるためには $p-q$ 平面全体にわたって p と q を変化させて a 値を計算（測定）しなければならない．しかし，幸運にも (5.27) 式が成立していれば唯一のパラメータ $u = q/p^\beta$ を変化させて a 値を求めるだけで十分である．どれだけの省力化になるか想像に難くないであろう．

さらに，物理量 a が $u \equiv q/p^\beta \ll 1$ の極限では p だけに，逆に $u \gg 1$ の極限において q のみに依存すると仮定しよう．このような状況は臨界状態ではしばしば現れ，クロスオーバーといわれる．すなわち，(5.27) 式において

$$g(x) \to \begin{cases} \text{一定} & (x \to 0 \text{のとき}) \\ x^\gamma & (x \to \infty \text{のとき}) \end{cases} \tag{5.28}$$

となればよい．ただし，前提が満足されるためには

$$\gamma = \frac{\alpha}{\beta} \tag{5.29}$$

でなければならない.

(5.27) 式は省力化に役立つだけでなく,ここに現れる指数 α, β, γ は現象の普遍性を規定する特性指数の役割を果たすことが多い.

6 臨界現象とパーコレーション

　フラクタルは自然界のいろいろな場面に登場する．これからの4章でそれらの代表的なものを取り上げる．まず，本章では臨界現象を議論する．臨界現象は統計力学の重要な研究課題であり，数多くの研究対象が存在する．その中でも準備が比較的簡単にでき，問題が直観的に理解できるパーコレーションが本章の主題である．

6.1 臨 界 現 象

　臨界現象を磁気系を例にあげて説明する．われわれがよく知っている磁石は，温度を上昇させると磁石の性質が消失し，常磁性と呼ばれる相になる．磁石の働きが残っている状態である強磁性相は，一定の温度 T_c（転移温度という）以下の低温で現れる．常磁性相から強磁性相への相転移は臨界現象の典型例である．
　臨界現象の特徴は，種々の物理量が転移温度 T_c 付近で異常な振る舞いをすることである．例えば比熱 C，磁化 M および磁化率 χ を考える．比熱は与えられた熱量に対して上昇する温度の逆数であり，磁化は磁石の強さを表す量である．磁化率 $\chi = \partial M/\partial H$ は，磁場 H に対する磁化の感受率を測る量である．いずれも磁石の性質（物性）を知るための重要な物理量である．これらの量が転移温度 T_c 付近の温度 T で

$$C \simeq |T-T_c|^{-\alpha}, \quad M \simeq (T_c-T)^{\beta} \ (T<T_c), \quad \chi \simeq |T-T_c|^{-\gamma} \tag{6.1}$$

のようにべき則に従って発散したり，消滅したりする．ここで用いた記号 $A \simeq B$

6.1 臨界現象

は,「A は不必要な係数を別にして主要な項である B に等しい」という意味を表している.

前章で説明した相関関数を,局所的な磁気 $m(r)$ に対して考える.磁化 M とは $M = \int m(r) \mathrm{d}^d r$ の関係がある.$m(r)$ に関する相関関数 $C(r = |\,r\,|) = \langle \{m(0) - \langle m(0) \rangle\} \{m(r) - \langle m(r) \rangle\} \rangle$ は,

$$C(r) \simeq \frac{1}{r^{d-2+\eta}} \exp\left(-\frac{r}{\xi}\right) \tag{6.2}$$

と表され,相関距離 ξ は転移温度に近づくにつれて

$$\xi \simeq |\,T - T_c\,|^{-\nu} \tag{6.3}$$

のようにべき乗で発散する.したがって,相関関数は転移温度でべき則に従う.ここに現れた指数 α, β, γ, η, ν は臨界指数と呼ばれる.d は考察される空間の次元である.

このように転移温度では,種々の物理量が発散したり,消滅したりする異常が現れる.さらに,相関距離が発散するので無限の彼方まで局所的な磁気の相関が持続していることになる.このような状態のことを臨界状態と呼ぼう.臨界状態では相関関数がべき則に従うことから自己相似性を示すことがわかる.すなわち臨界状態にはフラクタル図形が潜在しているのである.具体的な議論は次節以降で行われる.

臨界現象の研究は統計力学の重要な主題で数多くの研究の蓄積がある.現在までに得られている成果の中で特筆すべきことは,臨界現象に見られる普遍性である.前述した臨界指数は磁気系の種類ばかりでなく,一見全く異なる現象においても同じ数値になる事実は当時の研究者を魅了した.臨界指数によって臨界現象を普遍性クラスに分類することができる.磁気相転移,気体・液体相転移,合金の秩序・無秩序相転移などは同じ普遍性クラスに属するのである.しかし,臨界温度における相関関数の振る舞いから普遍性が広い範囲で成立することは容易に理解できる.すなわち,非常に遠い 2 点間まで相関が持続していることは,局所的に与えられるそれぞれの系の微細な性質に依存することはありえないことを意味している.結果的に臨界指数は空間の次元 d や,考察下の量 $m(r)$ をベクトルとみなしたときの成分の数など非常に少ないパラメータに

しか依存しない．この状況からの帰結として臨界指数の間に

$$\alpha + 2\beta + \gamma = 2, \qquad \alpha + d\nu = 2, \qquad \gamma = \nu(2-\eta) \qquad (6.4)$$

などの関係が成立することが導かれ，スケーリング則と呼ばれる．空間次元 d を含むスケーリング則をハイパースケーリング則といい，通常ある上限となる次元以上では関係式が成立しなくなる．

6.2 パーコレーション

　臨界現象の議論には統計力学の知識が必要であるが，これから考察するパーコレーション問題は初心者でも容易に理解できるであろう．臨界現象は主として温度をパラメータとみなし，それを調節して臨界状態に導いたが，パーコレーション問題では格子空間内の粒子濃度が系の状態をコントロールするパラメータとなる．

　自然界の中には要素間のつながり具合によって全体の性質が支配されているものが多く存在する．いくつかの事例をあげてみる．マゼランは地球表面が海によってつながっていたので船だけを使って世界一周ができた．ある種の分子は共有結合して大きな高分子を構成するが，さらに互いの高分子同士が結び合って系全体にゲル化が起こる．森林火災はすぐ隣の木に燃え移ることによって森全体に広がる．まばらに植生されている森ではすぐに鎮火する．金属と絶縁体の混合物では，金属部分が互いに接している領域をつなげて電流が流れる．多孔質岩盤に浸透している石油を汲み出すためには岩盤中の穴が互いにつながっていると，パイプを一本打ち込むだけで石油全部を汲み取れる．このように多彩な現象が考えられる．パーコレーションの日本語訳は浸透であるが，カタカナの方が通りがよい．

　多彩さに目を奪われずに，共通する本質を失わないように問題を単純化することは大切である．単純化したモデルとして平面上に一辺 L の正方格子を考える．各格子点（サイト）に図 6.1 に示されているように確率 p でランダムに粒子をおく．以下では，パーコレーションにおける単位となる要素を粒子と呼ぶことにする．隣に粒子があるかないかにかかわらず独立に粒子をおいていく．こ

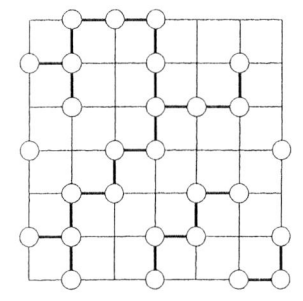

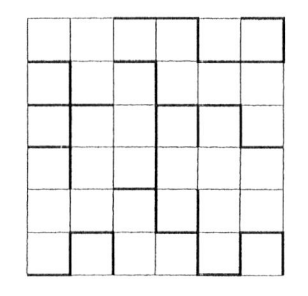

図 6.1 サイトパーコレーションとクラスター　　図 6.2 ボンドパーコレーションとクラスター

のようにおいた粒子の隣のサイトにやはり粒子が存在する場合に両者を結ぶボンドを考える．あるいはサイト間の辺上にランダム変数 $\{0, 1\}$ を付置していくボンド・モデルも考えられる．図 6.2 に示されているように，1 をおいた辺をボンドと呼び，太線で表す．図 6.1 や図 6.2 においてボンドでつながれた一群の粒子の集まりをクラスターと名づける．

　粒子の占有確率 p を次第に大きくしていくと，当然大きなクラスターができる．そのとき，最大のクラスターが格子の左右あるいは上下の両端に到達するような占有確率はいくつであろうか．これが第 1 の問題である．このような占有確率を臨界点 p_c の定義とする．ランダムに粒子を配置していくのであるから，ある一定の p_c が定まるのは不思議に思われるかもしれない．実際，非常に幸運であれば一直線のクラスターが端から端まで行きわたることができるし，逆に不運であれば正方形内のサイトのほとんどが埋められた後にようやく両端がつながることがありうる．しかし，平面格子の一辺の長さ L を無限大にすると上で述べたような例外が起る確率は 0 となり，一定の臨界点 p_c が定まる．一辺の長さ L を有限とせざるをえないシミュレーションにおいて臨界点を決める問題は，後に改めて考察する．

　$L = \infty$ の場合の正方格子でのボンド・モデルでは，ボンドの有無を入れ換えた配置は p を $1 - p$ とした場合と等価なので，臨界点がただ一つ存在すると仮定すると，ただちに $p_c = 1/2$ が導かれる．しかし，サイトモデルではこの論理は成り立たないし，実際正方格子では $p_c = 0.593$ である．このように，臨界点 p_c は，格子の形やサイトかボンドかの違いによって異なる値を取る．さら

表 6.1 種々の格子，モデル，次元における臨界点 p_c の値

格子	サイト・モデル	ボンド・モデル
蜂の巣格子	0.696	0.653
正方格子	0.593	0.500
三角格子	0.500	0.347
立方格子	0.312	0.249
4次元超立方格子	0.197	0.160
5次元超立方格子	0.141	0.118
6次元超立方格子	0.107	0.094

に，格子の次元によっても変わる．文献 [11] から引用した各種格子における臨界点を表 6.1 にあげた．

実は，臨界点における最大クラスターはフラクタルになっている．しかも，さまざまなフラクタルを内在しているのである．簡単なルールからこれほど複雑なパターンが構成されるのは不思議なことである．この状況をこれから考察していこう．

6.3 臨界指数とスケーリング則

臨界点の値を決定するよりも，もっと興味のある問題は前節で議論した臨界点における臨界現象の普遍性である．以下では一辺 L の正方格子におけるサイト・モデルを考える．

容易に想像できるように，大小さまざまなクラスターが格子空間内のあちらこちらに散在している．このような状況を定量的に理解するために，s 個の粒子で構成されているクラスターが何個あるかを考え，$N_s(p)$ とする．格子空間内の全サイト数 L^2 に対する $N_s(p)$ の割合をサイズ分布 $n_s(p) = N_s(p)/L^2$ と定義する．$n_s(p)$ はランダムな粒子の配置に依存する統計量であるが，

$$\sum_s sn_s(p) = p \tag{6.5}$$

を常に満たす．なぜなら，$\sum_s sN_s(p)$ は格子空間内の粒子の総数に等しいからである．この $n_s(p)$ を用いて，クラスターの大きさの平均 $S(p)$ を

$$S(p) = \frac{\sum_s s^2 n_s(p)}{\sum_s sn_s(p)} \tag{6.6}$$

によって定義する．占有されているサイト当たりに関する平均を計算する場合には，平均の重みが $sn_s(p)/\sum_s sn_s(p)$ であることに注意しよう．さらに，任意に選んだサイトが両端まで届いている最大のクラスターに属している確率を次のように

$$P(p) = p - \sum_s{'} sn_s \tag{6.7}$$

で与える．ここで，$\sum_s{'}$ は和の中で両端まで届いている最大のクラスターの項を除くことを意味している．いい換えると最大のクラスターに属するサイトの割合が $P(p)$ であるので，

$$P(p) = \lim_{L \to \infty} \frac{\text{最大クラスターのサイト数}}{\text{格子空間の全格子点数}} \tag{6.8}$$

とも表される．

これらの量は臨界点 p_c の近傍で異常な振る舞いをする．すなわち，

$$P(p) \simeq (p - p_c)^\beta, \quad S(p) \simeq |p - p_c|^{-\gamma} \tag{6.9}$$

のように，消滅したり発散したりする．ここに現れる指数 β や γ は格子の形やサイトとかボンドとかのモデルによらない特定の値を取る．変化するのは次元によってのみである．臨界指数と呼ばれるこれらの量が興味の対象である．これらの臨界指数は，クラスターのフラクタル次元と密接に関連しているのである．

ここで，$n_s(p)$ に対してスケーリング仮説と呼ばれる次の仮定を行う．$p \to p_c$，

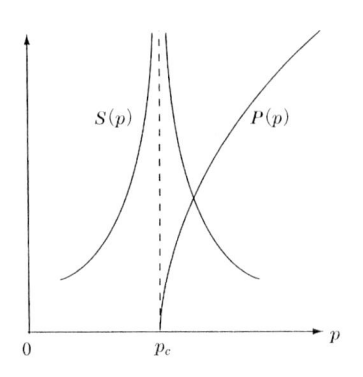

図 6.3　$P(p)$ と $S(p)$ の p 依存性

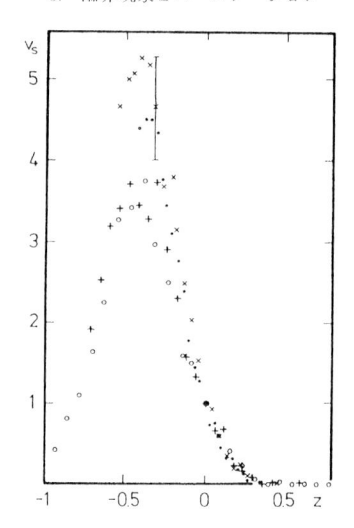

図 6.4 $n_s(p)$ に関するスケーリングの検証
記号は s 値の違いを表す (○:$128 \leq s \leq 255$, ×:$32 \leq s \leq 63$, +:$64 \leq s \leq 128$, ·:$16 \leq s \leq 31$,).

$s \to \infty$ の漸近的振る舞いとして成立していることを前もって注意しておこう.

$$n_s(p) = s^{-\tau} f((p - p_c)s^{\sigma}) \tag{6.10}$$

$f(x)$ はスケーリング関数である. (6.10) 式において $\sum_s s n_s(p_c)$ が有限であるためには, $\tau > 2$ でなければならない. この仮定 (6.10) 式が成立することは理論的には保証されていないが, 計算機シミュレーションによって図 6.4 のように認められている. 縦軸に $n_s(p)/n_s(p_c)$ を, 横軸に $z = (p - p_c)s^{\sigma}$ をプロットして, 単一の曲線 $f(z)/f(0)$ になることが誤差の範囲内で確かめられる.

この (6.10) 式を前出の (6.6), (6.7) 式に代入することによって指数の間の関係が求められる. 具体的に実行してみよう.

$$S(p) = \frac{1}{p} \sum_s s^2 s^{-\tau} f((p - p_c)s^{\sigma}) \tag{6.11}$$

は, $s \to \infty$ では積分とみなせる. さらに $z = (p - p_c)s^{\sigma}$ とする変数変換によって

$$S(p) = |p - p_c|^{(\tau-3)/\sigma} \frac{1}{p\sigma} \int |z|^{-1+(3-\tau)/\sigma} f(z) \mathrm{d}z \tag{6.12}$$

となる.よって,指数のスケーリング則

$$\gamma = \frac{3-\tau}{\sigma} \tag{6.13}$$

が得られる.同様な手続きによって

$$\beta = \frac{\tau-2}{\sigma} \tag{6.14}$$

が得られるが,手続きは若干面倒である.(6.5) 式より $p_c = \sum_s s n_s(p_c)$ であるから,(6.7) 式は,

$$P(p) = {\sum_s}' [n_s(p_c) - n_s(p)]s + (p - p_c) \tag{6.15}$$

と書き直される.$\beta < 1$ であることが知られているので,第2項は p が p_c に非常に近い場合には第1項に比べて無視できる.(6.15) 式に (6.10) 式を代入し,和 ${\sum_s}'$ を積分に直し,$z = (p - p_c)s^\sigma$ と変数変換をする手続きは $S(p)$ の場合と同様である.ただし,この場合の積分範囲は $z > 0$ である.両者からスケーリング仮説に現れる指数が,前出の指数と

$$\sigma = \frac{1}{\beta + \gamma}, \quad \tau = 2 + \frac{\beta}{\beta + \gamma} \tag{6.16}$$

のように関係することがわかる.

6.4 クラスターの幾何学的構造

では,これらの臨界指数とクラスターのフラクタル次元との関係はどうなっているのだろうか.このことを議論するためには,まず相関距離について準備しておく必要がある.クラスターの構造を考察するための第一義的な量としてクラスターの回転半径を導入する.回転半径は紙面に垂直な芯のまわりにコマのように回転させたときの慣性力を決める.計算が便利であるためにこの量を取り上げるが,おおまかにクラスターの「大きさ」を表せば十分である.s 粒子が属するクラスターの回転半径 R_s は,i 番目の粒子の位置を $\bm{r}_i$ と記すと

$$R_s^2 = \frac{1}{s} \sum_i |\bm{r}_i - \bm{r}_0|^2 = \frac{1}{2s} \sum_{i,j} |\bm{r}_i - \bm{r}_j|^2 \tag{6.17}$$

と定義される．ここで，$r_0 = s^{-1}\sum_i r_i$ はクラスターの重心である．R_s も統計量であるが，同じ粒子数 s をもつクラスターによる平均を取るものと理解しておく．この R_s を用いて相関距離は

$$\xi^2 = \frac{2\sum_s R_s^2 s^2 n_s(p)}{\sum_s s^2 n_s(p)} \tag{6.18}$$

と与えられる．この物理的意味は，同一のクラスターに属する二つのサイト間距離のある種の平均である．$2R_s^2$ は (6.17) 式にあるように同一クラスターに属する 2 サイト間の平均距離である．これを平均クラスターサイズを重みとして平均したことになる．相関距離は定義から予想されるように

$$\xi \simeq |p - p_c|^{-\nu} \tag{6.19}$$

のように臨界点 p_c で発散する．

相関距離はクラスターの形状の性質が移り変わる長さのめどを与える．$L < \xi$ であれば，フラクタル構造をしているクラスターの一部が系全体を占有している．反対に $L > \xi$ の場合は，いくつかのフラクタル構造をしたクラスターが全体的には一様に分布しているありさまが思い浮ぶ．この現象はクロスオーバーと呼ばれるものの一つである．

さて，クラスターのフラクタル次元 d_P とさまざまな指数との関係を求めよう．一辺 L のボックス内にあるクラスターに属する粒子の総数を $M(L, \xi)$ とする．$L < \xi$ の場合はボックス全体が一つのフラクタル・クラスターで覆われているので $M(L, \xi) \simeq L^{d_P}$ である．一方，$L > \xi$ であれば大きさ ξ のフラクタル・クラスターがほぼ $(L/\xi)^d$ 個あると見積もられるので，$M(L, \xi) \simeq \xi^{d_P}(L/\xi)^d$ が成立する．ここで，$L \geq \xi$ の場合，$M(L, \xi) = P(p)L^d$ であることに注意すると，$(p - p_c)$ の指数を等しくおくことによって，

$$d_P = d - \frac{\beta}{\nu} \tag{6.20}$$

が得られる．

クラスターのフラクタル次元の別の関係式を求めよう．$R_s \simeq s^{1/d_P}$ であることに注意すると，前と同じようにスケーリング仮説にのっとって，(6.18) 式は

$$\xi^2 = 2\int s^{2/d_P+2} n_s(p) \mathrm{d}s \Big/ \int s^2 n_s(p)\mathrm{d}s$$
$$= 2(p-p_c)^{2/d_P\sigma} \frac{\int z^{(\frac{2}{d_P}+3-\tau-\sigma)/\sigma} f(z)\mathrm{d}z}{\int z^{(3-\tau-\sigma)/\sigma} f(z)\mathrm{d}z} \tag{6.21}$$

によって評価される．$\xi \simeq |p-p_c|^{-\nu}$ との指数が等しいとおいて

$$\nu = \frac{1}{d_P \sigma} \tag{6.22}$$

が得られる．

両者から，ハイパースケーリング則

$$d\nu = 2\beta + \gamma = \frac{\tau-1}{\sigma} \tag{6.23}$$

が導かれる．この式が成立するのは $d \leq 6$ に限られる．

さて，振り返って考えてみると，臨界点は一見すると不思議な性質を有している．すなわち，任意に選んだサイトがそのクラスターに属する確率が 0 であるのに，クラスターの平均サイズが発散するほど無限に大きなクラスターが存在するのである．これはクラスターがフラクタルであることに注意すれば矛盾なく説明される．一辺 L の系内では最大のクラスターに含まれる粒子数は $s_{\max} \simeq L^{d_P}$ であるから，系の大きさが大きくなるにつれて増大する．しかし，全系に占める割合は $L \to \infty$ につれて $s_{\max}/L^d \to 0$ となる．つまり，臨界点に現れる最大のクラスターは系全体を覆わんばかりであるが，その内部はすかすかでデタラメにサイトを選んでもほとんどそのクラスターには当たらないのである．

パーコレーションにはクラスターのフラクタル性の他にもさまざまなフラクタル性が潜んでいる．それらの中で代表的なバックボーン・クラスターを説明しよう．

臨界点におけるクラスターを模式的に描くと図 6.5 のようになる．数本のボンドを集めた幹線に相当するリンクと名づけられる太線は，ノードと呼ばれる節でお互いに結ばれている．リンクの途中にはところどころにブロッブ（ぼんやりしたインクのシミのようなかたまり）と名づけられるかたまりがある．これは，いく筋かの回路をもったひとかたまりである．これらの部分の他に行き

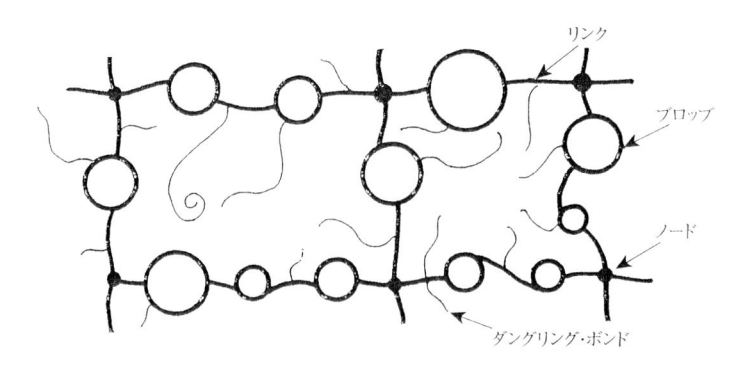

図 6.5 臨界点におけるパーコレーション・クラスター

止まりになってぶらぶらしているように見えるダングリング・ボンドがある．ノードとノードとの間の距離はおおよそ相関距離の程度である．ブロッブの大きさも ξ 程度である．

全体のクラスターからダングリング・ボンドを取り除いたものをバックボーン（骨格）・クラスターという．このクラスターもやはりフラクタルであり，$M_B(L) \simeq L^{d_{BB}}$ で定義されたそのクラスターのフラクタル次元は $d_{BB} = 1.6(d=2), 1.7(d=3)$ である．$d_P > d_{BB}$ であるから

$$\frac{M_B(L)}{M(L)} \simeq L^{d_{BB}-d_P} \to 0 \qquad (L \to \infty) \tag{6.24}$$

であるので，クラスター内のボンドはほとんどがダングリング・ボンドということになる．

6.5 くりこみ群の方法による理論

前節で導入したフラクタル次元を含むさまざまな指数の値を具体的に求めるにはどのような方法があるだろうか．簡単な理論的な試みはあまりない．計算機シミュレーションやくりこみ群の方法が代表的である．

くりこみ群の方法はクラスターが自己相似性を示すことを効果的に利用する．図 6.6 は三角格子上でのサイト・パーコレーションである．最上段は格子定数が 1 の場合であるが，中段からは次の操作をして描いてある．すなわち，三角

形の中心に新しい格子点を設定する．格子点が重ならないように分割するには図 6.7 に示されているように白丸を新たな格子点とすればよい．3 頂点のうち，過半数の格子点が粒子に占められている場合には新設の格子点も占有されているとする．0 個か 1 個の占有であれば空とする．直観的ないい方では，目を細める，図から遠ざかると表現できるだろう．さらに格子定数を $1/\sqrt{3}$ にして系のサイズを元に戻す．この操作を粗視化と呼ぶ．粗視化の操作を 2 回繰り返して得られた図が下段に描かれている．$p < p_c$ の左の列では粒子の占有率がだんだん小さくなっていく様子が見られる．また，右の列は $p > p_c$ の場合で図全体が黒くなっていく．一方，ちょうど臨界点にあたる $p = p_c$ ではこの操作によっても全体のパターンは同じように見える．これが，自己相似性そのものを具現化している．

上の操作を式にして取り扱おう．新しい格子における格子点の占有率 p' は，過半数の法則より

$$p' = p^3 + 3p^2(1-p) \equiv g(p) \tag{6.25}$$

と表される．粗視化の操作は $p_{n+1} = g(p_n)$ の漸化式で逐次 p_n を求めていくことに相当する．図 6.8 で解明されているように $p < p_c$ であれば $p = 0$ に，$p > p_c$ であれば $p = 1$ に収束していく．ただ，$p = p_c$ の場合に限って $p = p_c$ に留まる．粗視化によっても占有確率が不変に保たれることは，自己相似性を示していることに他ならない．p_c は固定点である．この値は厳密に得られた値とたまたま一致している．

臨界指数 ν は次のように求められる．粗視化の操作をした格子での占有確率 p' における相関距離 ξ' はスケール変換によって元の格子の相関距離と $\xi' = \xi/b$ の関係がある．比例係数が不変であると仮定すると，この関係式から

$$\frac{1}{\nu} = \frac{\log[(p'-p_c)/(p-p_c)]}{\log b} = \frac{\log[(dp'/dp)_{p=p_c}]}{\log b} \tag{6.26}$$

が導かれる．前式の場合，$(dp'/dp)_{p=p_c} = 3/2$ および $b = \sqrt{3}$ であるから，$\nu = 1.355$ となり厳密であるといわれている $\nu = 4/3$ に非常に近い．ただし，これは幸運のたまものであって，全ての場合にこのようにうまくいくとは限らないので，より精密な考察が必要である．

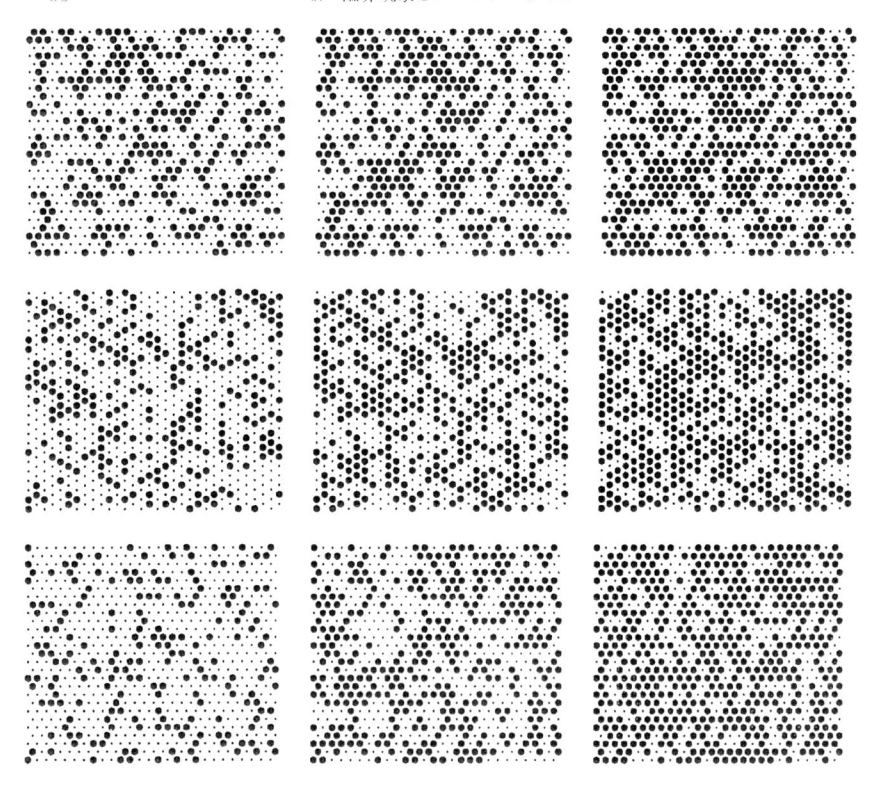

図 6.6 視覚化したくりこみ群の方法
左列：$p = 0.4 < p_c$, 中央列：$p = 0.5 = p_c$, 右列：$p = 0.6 > p_c$.

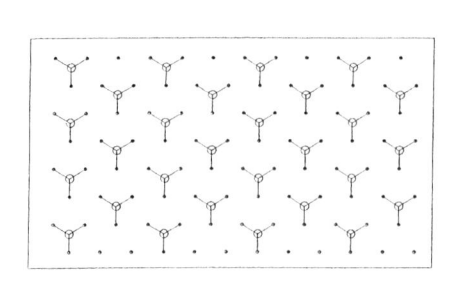

図 6.7 三角格子上の粗視化

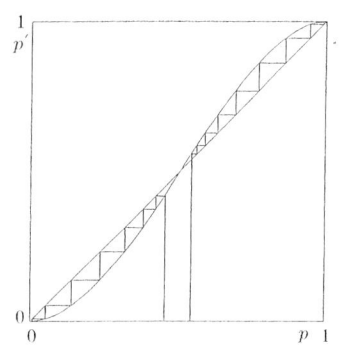

図 6.8 くりこみ群の方法の説明

6.6 有限サイズ・スケーリング

パーコレーション問題の研究手段で最も確実性があるのはシミュレーションである．しかし，シミュレーションは有限のサイズの系に対してのみ実行可能であり，無限大の系の性質を予想することは困難である．ところが，その困難を逆手に取って重要な情報を得ることができる．その根拠となる概念が有限サイズ・スケーリングである．

クラスターが平面格子の両端をつなげる占有確率 p の最小値である臨界点 p_c は，有限のサイズでは決められないことを先に述べた．したがって，一辺 L の平面格子において何度も試行を繰り返して，両端をつなげるクラスターが発生する頻度 $R(p, L)$ を計算する．$L \to \infty$ では，$R(p, L)$ は

$$R(p, \infty) = \begin{cases} 0 & (p < p_c) \\ 1 & (p > p_c) \end{cases} \tag{6.27}$$

であるように階段関数であるが，有限の L に対しては図 6.9 に示されているように緩やかな増加関数になる．

十分に大きい L と，p_c に十分近い p に対して，スケーリング関数 $\Phi(x)$ を用いてスケーリング仮説

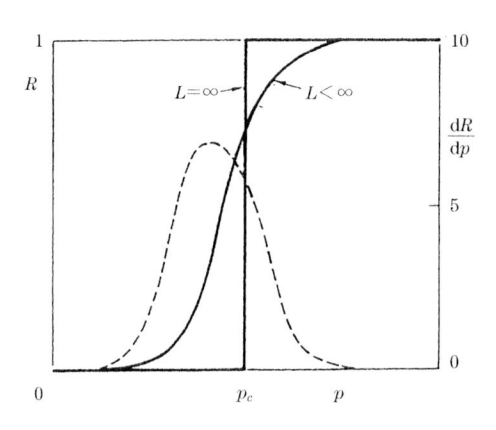

図 6.9 無限大と有限な格子に対する $R(p, L)$ の p 依存性

$$R(p, L) = \Phi[(p - p_c)L^{1/\nu}] \tag{6.28}$$

が成り立つ．変数がこの組合せになる理由は，長さの次元が $\xi \sim |p - p_c|^{-\nu}$ と L に限られているので，両者の比を用いて無次元である $R(p, L)$ が表現されるはずであるからである．このスケーリング仮説が成立していれば，繰り返された試行による臨界点の平均値 p_av は

$$p_\mathrm{av} = \int_0^1 p\left(\frac{\partial R(p, L)}{\partial p}\right) \mathrm{d}p \tag{6.29}$$

によって得られる．$\{\partial R(p, L)/\partial p\}\mathrm{d}p$ は，$[p, p + \mathrm{d}p]$ の区間に両端をつなぐクラスターが発生する確率に他ならないからである．したがって，p_av は

$$p_\mathrm{av} - p_c \simeq L^{-1/\nu} \tag{6.30}$$

の関係があることがわかる．システムのサイズ L を変化させて p_av を測定すれば，この式に合致するように無限系での臨界点 p_c と臨界指数 ν の数値を得ることができる．

(6.30) 式の導出は次のとおりである．

$$p_\mathrm{av} - p_c = \int_0^1 p\left\{\left(\frac{\partial R(p, L)}{\partial p}\right) - \delta(p - p_c)\right\} \mathrm{d}p \tag{6.31}$$

であるから，$z = (p - p_c)L^{1/\nu}$ と変数変換し，デルタ関数の性質（付録 C 参照）にも注意して，

$$p_\mathrm{av} - p_c = \int \left\{\left(\frac{\mathrm{d}\Phi(z)}{\mathrm{d}z}\right) - \delta(z)\right\}(p_c + L^{-1/\nu}z)\mathrm{d}z \tag{6.32}$$

が得られる．ここで，後ろの { } 内の第 1 項からの寄与は，規格化条件より

表 6.2 種々の臨界指数とフラクタル次元

指数	$d = 2$	$d = 3$	$d = 4$	$d = 5$	$d = 6$
β	5/36	0.41	0.64	0.84	1
γ	43/18	1.80	1.44	1.18	1
ν	4/3	0.88	0.68	0.57	1/2
d_F	91/48	2.53	3.06	3.54	4
d_{BB}	1.6	1.7	1.9	2.0	2

$\int \{\mathrm{d}\Phi(z)/\mathrm{d}z\}\mathrm{d}z = \int \delta(z)\mathrm{d}z = 1$ であるために 0 となるので, (6.30) 式が導かれる.

最後にこれまでに登場したさまざまな指数の値を文献 [11] から引用して表 6.2 にまとめておこう.

7 拡散過程

この章では自然界に広く観測される拡散過程におけるフラクタルを考察する．拡散過程は種々の非平衡現象の基本過程であるので次章以降の準備にもなる．

7.1 ランダム・ウォーク

ランダム・ウォークは酔歩ともいわれ，拡散現象の最も簡単な数学的モデルとなる．酔っ払いでは具合が悪いので，主体を拡散粒子と呼ぶことにする．

議論を具体的にするために，拡散粒子がわたり歩く空間を格子間隔 a の正方格子とする．ほとんどの場合において拡散粒子が運動する空間の次元は問われない．拡散粒子の運動の規則は，原点を出発して各ステップごとに確率 1/4 で東西南北いずれかの方向の隣接格子点を選んで移動する，という簡単なものである．しかし，移動する方向がランダムに選ばれるので，どのような軌跡を描くかは確率に支配される．その一例を図 7.1 に示す．360度のいずれの方向に

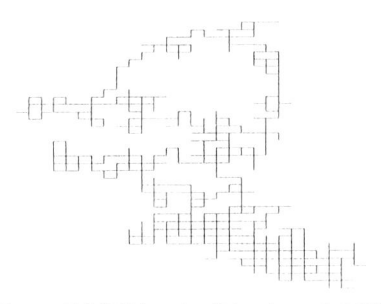

図 7.1 正方格子上のランダム・ウォークの軌跡

図 7.2 移動の方向を連続にしたランダム・ウォークの軌跡

も移動が可能であるように連続化すると，軌跡のパターンは図 7.2 のようになる．以下の議論は正方格子上の運動に限るが主な結論は変わらない．d 次元に一般化される場合は，その旨を明記することにする．

n ステップめに拡散粒子が存在する位置 $\boldsymbol{R}(n)$ について考察しよう．k ステップにおける変位を $\boldsymbol{a}_k(|\boldsymbol{a}_k|=a)$ とすると

$$R(n) = \sum_{k=1}^{n} a_k \tag{7.1}$$

である．$\langle \boldsymbol{a}_k \rangle = \boldsymbol{0}$ であるから，$\boldsymbol{R}(n)$ の平均は $\langle \boldsymbol{R}(n) \rangle = \boldsymbol{0}$ となる．一方，分散 $\Delta(n) \equiv \langle (\boldsymbol{R}(n))^2 \rangle - \langle \boldsymbol{R}(n) \rangle^2$ に対しては，各ステップの移動は独立であることに注意し，$\langle (\boldsymbol{a}_k)^2 \rangle = a^2$, $\langle \boldsymbol{a}_k \cdot \boldsymbol{a}_l \rangle = 0, (k \neq l)$ であることを用いて

$$\Delta(n) = na^2 \tag{7.2}$$

が得られる．

いま，k ステップめに拡散粒子が位置 $\boldsymbol{r}$ に見出される確率を $u(\boldsymbol{r}, k)$ としよう．$(k+1)$ ステップめに $\boldsymbol{r}$ 点に存在するためには，1 ステップ前に隣接格子点のどれかを経なければならないから，隣接格子点の数を $z(=4)$ として

$$u(\boldsymbol{r}, k+1) = z^{-1} \sum_{\boldsymbol{a}} u(\boldsymbol{r}+\boldsymbol{a}, k) \tag{7.3}$$

が成立する．ここで，$\boldsymbol{a}$ は隣接格子点を結ぶ長さ a のベクトルで，以下では隣接ベクトルと呼ぶ．z^{-1} は，隣接格子点のいずれかが選択される確率である．この式の両辺から $u(\boldsymbol{r}, k)$ を引くと

$$u(\boldsymbol{r}, k+1) - u(\boldsymbol{r}, k) = z^{-1} \sum_{\boldsymbol{a}} \{u(\boldsymbol{r}+\boldsymbol{a}, k) - u(\boldsymbol{r}, k)\} \tag{7.4}$$

が得られる．

ここで，1 ステップの移動に要する時間を τ とし，$u(\boldsymbol{r}, k)$ の変数 k を $t = k\tau$ におき換え $u(\boldsymbol{r}, t)$ とする．$t = k\tau \gg \tau$, $|\boldsymbol{r}| \gg a$ の場合に両辺を次のようにテイラー展開する．

$$u(\boldsymbol{r}, k+1) = u(\boldsymbol{r}, t+\tau) \simeq u(\boldsymbol{r}, t) + \frac{\partial u(\boldsymbol{r}, t)}{\partial t}\tau + \cdots$$

$$u(\boldsymbol{r}+\boldsymbol{a},k) \simeq u(\boldsymbol{r},t) + \boldsymbol{a}\cdot\nabla u(\boldsymbol{r},t) + \frac{1}{2}\boldsymbol{a}\cdot\nabla\nabla u(\boldsymbol{r},t)\cdot\boldsymbol{a} + \cdots \quad (7.5)$$

ここで，∇ はナブラという微分演算子で，$\boldsymbol{r}=(x,y)$ として

$$\nabla = \left(\frac{\partial}{\partial x},\frac{\partial}{\partial y}\right) \quad (7.6)$$

となるベクトルである．一般次元 d への拡張は容易であろう．隣接ベクトルの性質から

$$\sum_{\boldsymbol{a}} \boldsymbol{a} = \boldsymbol{0} \quad (7.7)$$

$$\sum_{\boldsymbol{a}} a_\alpha a_\beta = \frac{z}{d} a^2 \delta_{\alpha\beta} \quad (7.8)$$

の関係が成立することに注意する．ここで，α, β はベクトルの成分である．また $\delta_{\alpha\beta}$ はクロネッカの記号で，$\delta_{\alpha\beta}=1\,(\alpha=\beta),\,\delta_{\alpha\beta}=0\,(\alpha\neq\beta)$ である．これらを (7.4) 式に代入すると，拡散方程式

$$\frac{\partial u(\boldsymbol{r},t)}{\partial t} = D_{\text{diff}}\Delta u(\boldsymbol{r},t) \quad (7.9)$$

が導かれる．ここで，$D_{\text{diff}} = a^2/(2d\tau)$ である．また，ラプラシアン Δ は，$\Delta = \nabla\cdot\nabla = \nabla^2$ となる微分演算子で，$d=2$ での具体的な表現は

$$\Delta u = \frac{\partial^2 u}{\partial x^2} + \frac{\partial^2 u}{\partial y^2} \quad (7.10)$$

である．

拡散方程式 (7.9) 式は空間に関するフーリエ変換をするともっと簡潔な形で表現される．$u(\boldsymbol{r},t)$ は $d=2$ 次元で

$$u(\boldsymbol{r},t) = \left(\frac{1}{2\pi}\right)^2 \int_{-\infty}^{\infty} dq_x \int_{-\infty}^{\infty} dq_y \hat{u}(\boldsymbol{q},t) e^{i(q_x x + q_y y)} \quad (7.11)$$

とフーリエ変換される．フーリエ逆変換が

$$\hat{u}(\boldsymbol{q},t) = \int_{-\infty}^{\infty} dx \int_{-\infty}^{\infty} dy\, u(\boldsymbol{r},t) e^{-i(q_x x + q_y y)} \quad (7.12)$$

であることは，付録 C で説明されているデルタ関数に関する恒等式

$$\delta(x) = \frac{1}{2\pi}\int_{-\infty}^{\infty} \mathrm{e}^{iqx}\mathrm{d}q \tag{7.13}$$

を参照すれば理解される.

(7.11) 式を (7.9) 式に代入すると,

$$\frac{\partial \hat{u}(\boldsymbol{q},t)}{\partial t} = -D_{\mathrm{diff}}q^2 \hat{u}(\boldsymbol{q},t) \tag{7.14}$$

が得られる. ここで, $q^2 = q_x^2 + q_y^2$ である.

(7.14) 式の解は, $\hat{u}(\boldsymbol{q},t=0) = \hat{u}_0(\boldsymbol{q})$ として,

$$\hat{u}(\boldsymbol{q},t) = \hat{u}_0(\boldsymbol{q})\mathrm{e}^{-D_{\mathrm{diff}}q^2 t} \tag{7.15}$$

である. (7.11) 式に代入して

$$u(\boldsymbol{r},t) = \frac{1}{4\pi D_{\mathrm{diff}}t}\exp\left[\frac{-|\boldsymbol{r}|^2}{4D_{\mathrm{diff}}t}\right] \tag{7.16}$$

が導かれる. これは, $u(\boldsymbol{r},0) = \delta(x)\delta(y)$ を初期条件, $u(|\boldsymbol{r}|\to\infty,t) = 0$ を境界条件とした (7.9) 式の解である (付録 C 参照). 直接 (7.9) 式に代入して解であることを確かめることもできる. 一般に d 次元の場合は,

$$u(\boldsymbol{r},t) = \frac{1}{\{4\pi D_{\mathrm{diff}}t\}^{d/2}}\exp\left[\frac{-|\boldsymbol{r}|^2}{4D_{\mathrm{diff}}t}\right] \tag{7.17}$$

となる. (7.16), (7.17) 式の比例係数は, ともに規格化条件

$$\int u(\boldsymbol{r},t)\mathrm{d}^d\boldsymbol{r} = 1 \tag{7.18}$$

を満足するように決められている. すなわち, どの時刻でも拡散粒子は空間内のどこかに必ず存在するわけである.

前出の平均 $\langle\ \rangle$ は確率 $u(\boldsymbol{r},t)$ による平均 $\langle\ \rangle = \int\cdots u(\boldsymbol{r},t)\mathrm{d}^d\boldsymbol{r}$ に他ならない. 実際

$$\int |\boldsymbol{r}|^2 u(\boldsymbol{r},t)\mathrm{d}^d\boldsymbol{r} = 2dD_{\mathrm{diff}}t \tag{7.19}$$

であるので, 元の量に直すと (7.2) 式が得られる. この一致は次元 d によらない.

図 7.1, 7.2 のようなランダム・ウォークの軌跡を一つの図形とみなし, その

フラクタル次元 d_W を求めよう．前出の式の中で時間と長さが常に指数 2 で関係づけられていたことに注意する．ステップ数 n のランダム・ウォークの大きさ R はおおよそ $R \simeq \sqrt{\Delta(n)}$ で見積もることができる．したがって，$n \simeq R^2$ の関係が得られる．また，(7.9) 式，したがってその解である (7.16) 式においても，r を br と置換しても，t を $b^2 t$ とすれば全く不変に保たれることもわかる．このような考察の結果，

$$d_W = 2 \tag{7.20}$$

であることがわかる．この結果は次元 d によらないことを再度注意しておく．

7.2 レビィ・フライト

ランダム・ウォークではステップの歩幅は a と一定であったが，この節ではステップ長がべき分布で与えられるレビィ・フライトを説明する．ステップ長 s が S より長くなる確率は次のように与えられる．

$$P(s > S) = \left(\frac{S}{a}\right)^{-f_w} \qquad (S \geq a) \tag{7.21}$$

区間 $(s, s+ds)$ のステップ長のステップが現れる確率 $p(s)\mathrm{d}s$ は $-(\partial P/\partial S)_{S=s}\mathrm{d}s$ であり，$\int_a^\infty p(s)\mathrm{d}s = 1$ を満足する．

ここに現れる指数 f_w は，ステップ長の平均 $\int_a^\infty s p(s)\mathrm{d}s$ が有限であるためには 1 より大きくなければならず，また $f_w > 2$ では分散も有限になるので中心極限定理（付録 B 参照）によってステップ長一定の場合と同等であることがわかる．したがって，

$$1 < f_w \leq 2 \tag{7.22}$$

とする．ただし，$f_w = 1$ の場合は弾道軌道と称し，考慮の内に入れておくことにする．

ステップ長の確率分布が (7.21) 式で与えられるレビィ・フライトの軌跡の例を図 7.3 にあげておく．一見してフラクタル図形であることが予想される．

では，この図形のフラクタル次元はどのように決められるかを次に議論しよう．ステップ長一定のランダム・ウォークと同様に，レビィ・フライトの存在

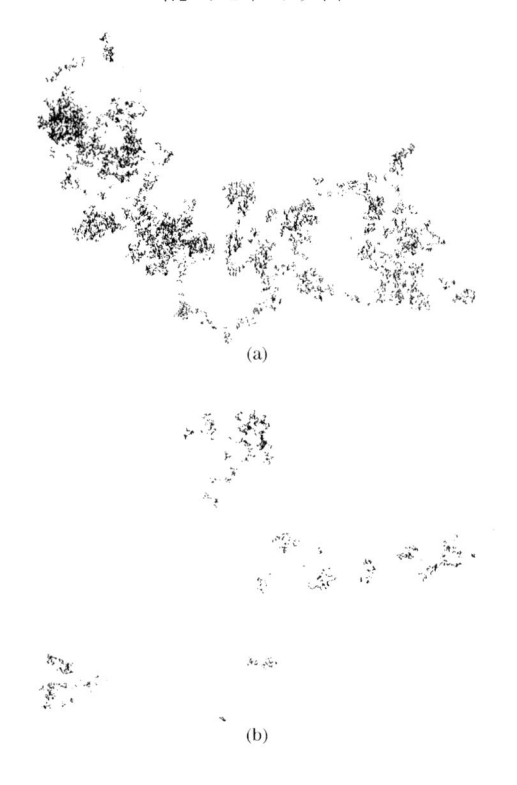

図 7.3 レビィ・フライトの軌跡
(a) $f_w = 1.65$, (b) $f_w = 1.3$.

確率が従う方程式を導出するのが便利である．議論を簡単にするために 1 次元の場合（$r = x$）に限定する．多次元への拡張も可能である．有限な τ に対する離散的な記述では

$$u(x, k+1) = \frac{1}{2}\int_a^\infty p(s)\{u(x+s,k) + u(x-s,k)\}\mathrm{d}s \qquad (7.23)$$

が成立する．(7.4) 式と同様に両辺から $u(x,k)$ を引き，時間間隔，格子間隔を $\tau, a \to 0$ として連続化する．ただし，比 a^{f_w}/τ が一定であるという条件下で極限を取る必要がある．$u(x,t)$ のフーリエ変換を利用するのが便利である．

$$u(x,t) = \frac{1}{2\pi}\int_{-\infty}^\infty \hat{u}(q,t)\mathrm{e}^{iqx}\mathrm{d}q \qquad (7.24)$$

その結果,
$$\frac{\partial \hat{u}(q,t)}{\partial t} = -U_a(q)\hat{u}(q,t) \tag{7.25}$$
を得る.ここで,簡略化のため
$$U_a(q) = \frac{1}{\tau}\int_a^{\infty} p(s)(1-\cos qs)\mathrm{d}s \tag{7.26}$$
を導入した.さらに,$U_a(q)$ に対して前述の極限を取ると
$$\lim_{a\to 0} U_a(q) = \frac{f_w a^{f_w}}{\tau}q^{f_w}\int_0^{\infty} x^{-f_w-1}(1-\cos x)\mathrm{d}x \tag{7.27}$$
と評価されることを用いると,最終的に
$$\frac{\partial \hat{u}(q,t)}{\partial t} \simeq -q^{f_w}\hat{u}(q,t) \tag{7.28}$$
となる.一般次元では,q を $|\boldsymbol{q}|$ におき換えればよい.

(7.28)式より,レビィ・フライトの軌跡のフラクタル次元は
$$d_W = f_w \tag{7.29}$$
と結論される.$f_w = d_W = 1$ の場合は,軌跡は直線状になる.

7.3 異常拡散

フラクタル上のランダム・ウォークは,通常のユークリッド空間におけるものとは異なる性質を有している.パーコレーション問題におけるクラスター上のランダム・ウォークを例にとって説明しよう.

7.1 節で議論したように,1 ステップに要する時間を τ とし,n ステップにおける時間を $t = n\tau$ とする.時刻 t における出発点からの距離の分散を $\Delta(t,p)$ とする.p は粒子の占有確率である.

$p=1$ の場合は,(7.19)式のように $\Delta(t, p=1) = 2dD_{\mathrm{diff}}t$ である.$\Delta(t,p)$ が t に比例する事実は $p > p_c$ である限り成立する.すなわち,比例係数を $\mathcal{D}(p)$ と書き換えて
$$\Delta(t, p_c < p \leq 1) = \mathcal{D}(p)t \tag{7.30}$$

と表される.しかし,$p<1$ では,格子内に粒子が移動できない空の格子点があるため $\Delta(t,p)$ の値自体は減少し,臨界点 p_c ではもはや空間を横断するクラスターは存在しないので $\Delta(t,p)$ は時間に比例しなくなり,$\mathcal{D}(p)$ は 0 になるはずである.その状況は拡散定数 $\mathcal{D}(p)$ の p 依存性として

$$\mathcal{D}(p) \simeq (p-p_c)^\mu \tag{7.31}$$

と減少し,消滅することに反映している.指数 μ の値は,$d=2$ で 1.30,$d=3$ で 2.0 と認められている.

$p<p_c$ では,系全体にわたるクラスターは存在しないので,長時間では出発点を含むクラスター全体をくまなく行きわたることになる.s サイトのクラスターに出発点が配置される確率は sn_s で,そのクラスターの差渡しの長さは (6.17) 式で定義されたように R_s で評価される.したがって,

$$\Delta(t=\infty, p<p_c) = \sum_s n_s s R_s^2 \tag{7.32}$$

である.6 章で論じた n_s に関するスケーリング仮説を再掲すると,

$$n_s(p) = s^{-\tau} f((p-p_c)s^\sigma) \tag{7.33}$$

である.ここに現れる指数には,$\sigma = 1/(\beta+\gamma)$ および $\tau = (3\beta+2\gamma)/(\beta+\gamma)$ の関係があることはすでに論じた.ゆえに,スケーリング仮説に基づき

$$\Delta(t=\infty, p<p_c) \simeq (p_c-p)^{\beta-2\nu} \tag{7.34}$$

であることがわかる.

臨界点 p_c の上下をつなぐ表現として次のスケーリング則を仮定する.

$$\Delta(t,p) = t^{2\theta} \Omega((p-p_c)t^x) \tag{7.35}$$

スケーリング関数 $\Omega(z)$ は,変数 z が正で大きければ (7.31) 式を代入した (7.30) 式と一致するはずであるから,$\theta = (1-\mu x)/2$ の関係が成立しなければならない.他方,$p<p_c$ では $t\to\infty$ の漸近的振る舞いとして (7.34) 式を再現しなければならない.t 依存性を相殺するために,$\Omega(z) \to (-z)^{-2\theta/x}$ となり,(p_c-p)

のべきが一致するために $\theta = (\nu - \beta/2)x$ が導かれる．結局，スケーリング則に登場した指数が，

$$x = \frac{1}{2\nu + \mu - \beta} \tag{7.36}$$

$$\theta = \frac{\nu - \beta/2}{2\nu + \mu - \beta} \tag{7.37}$$

と得られる．

ちょうど $p = p_c$ では，$\Omega(0) \neq 0$ であるから

$$\Delta(t, p_c) \simeq t^{2\theta} \tag{7.38}$$

となる．$d = 2$ 次元では $\theta = 0.332$，$d = 3$ 次元では $\theta = 0.29$ となることが知られている．ともに，拡散過程の場合の指数（$= 0.5$）より小さくなっていることに注意しよう．このため異常拡散といわれる．フラクタル・クラスターは行き止まりの個所が多く存在するので，粒子がスムースに往来できないからである．この場合の軌跡のフラクタル次元は，

$$d_W = \frac{1}{\theta} \tag{7.39}$$

である．

8 拡散に支配された凝集 DLA

　自然界に登場するフラクタルの中で，非平衡状態において観測される成長パターンを考察する．この章では代表的現象であり，かつ集中的に研究が行われた「拡散に支配された凝集」について議論する．英語では Diffusion Limited Aggregation と表すが，その頭文字を取って DLA と通称されている．この方が専門家には通りがよい．

8.1　DLA クラスター形成のアルゴリズム

　そもそも DLA は結晶成長を模するために考案された計算機シミュレーション用のモデルである．結晶成長の中でも最も簡単な気相からの結晶の成長を考える．気相成長の場合は遠方から飛来してきた拡散粒子が核となる粒子に付着することによって結晶が大きくなる．

　この状況を計算機の中に再現するために，2次元空間に簡単化して平面上に格子間隔 a の正方格子を考える．原点に核となる粒子を配置しておく．任意に選んだ遠方の格子点に拡散粒子をおく．その拡散粒子は確率 1/4 で東西南北方向いずれかの隣接格子点を選んで移動するランダム・ウォークをする．実際には乱数を振って移動する方向を定める（図 8.1）．この拡散粒子は平面内をうろうろと徘徊するが，運がよければすでに存在する粒子の隣に到達することができる．その時点で二つの粒子は付着して二つの粒子からなるクラスターを形成する．次に別の粒子を任意に選択された遠方の点から放置する．この粒子もランダムな軌跡を描いて2粒子クラスターに接触して3粒子クラスターとなる．この操作を繰り返せば希望どおり大きな結晶（クラスター）を得ることができる．

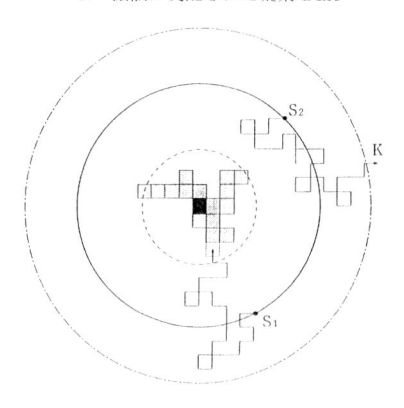

図 8.1 DLA クラスター作成のアルゴリズム
S で拡散粒子を放出し，K で遠ざかる拡散粒子を取り除く．

一度付着した粒子はその場に留まり，再び動き出すことはない．クラスターはランダムに，かつ不可逆的に成長する．粒子の徘徊の結果が既存のクラスターへの付着で終わるとは限らない．はるか彼方へ遠ざかってしまって，永久に再会できないかもしれないのである．数学的には平面内のランダム・ウォークはいずれは任意の格子点に到達することが証明されているけれども，いつまでも待つわけにはいかない．計算時間の節約のためにクラスターの端からの距離が一定以上に遠ざかった粒子を取り除くことにする．

大きなクラスターを作図するためには，モデルそのままのアルゴリズムでは時間の浪費が大きくなりすぎる．そこで高速化のためにいくつかの工夫がなされている．その第 1 は，粒子を放出する点をクラスターの最長半径 ($= R_{\max}$) よりやや大きい (2, 3 格子間隔程度) 円の円周上に選ぶことである．本来は十分遠い円周上から放出すべきであるが，クラスターに付着するならばこの円周上のどこかを通過するはずであるから，この簡単化は正当化される．第 2 の工夫は，クラスターから遠く離れた領域におけるランダム・ウォークに要する時間を節約することである．すなわち，$R_{\max}$ より遠い領域では 1 ステップの長さを長く取ることである．この工夫も正当化できる．なぜなら，クラスターに付着するまではいつかはステップ長を半径とする円周上のどこかの点を通過するはずであるからである．ただし，円周上の点は初めに設定された正方格子の

格子点と一致しないので，最も近い点を選ぶ．もちろん一歩踏み出すことでクラスターの内部に食い込むほどステップ長を長くしてはならない．クラスターの端からの距離によってステップ長を調節することも可能である．しかし，粒子を取り去る点はクラスターから十分離れていなければならない．

前述のアルゴリズムはさまざまな側面から一般化される．格子空間に限定せず，連続空間におけるクラスターの成長規則も考えられる．一歩の歩幅を決め，進行方向は連続にランダムに決める（図 7.2 参照）．問題は粒子がクラスターのごく近くにきた場合である．その距離が歩幅より近いと，クラスターを構成している粒子に食い込んでしまうかもしれない．もしそうなったらちょうど接触する位置まで後退するなどの細かい工夫が必要となる．クラスターを大きくしていくと，拡散粒子が移動する格子の異方性を反映して，クラスターの全体像の等方性が失われることが知られている．したがって，もっとも DLA クラスターの特徴をすなおに表現できるのは連続空間における等方的なアルゴリズムによるものとされている．

8.2　DLA クラスターの自己相似性

このアルゴリズムによって作成された DLA クラスターを図 8.2 に示した．大きく外側に伸びた数本の幹が枝分かれし，またその枝が分かれるというように幾重にも分岐のある全体的に開いた構造をしている．細部を拡大して見ると，

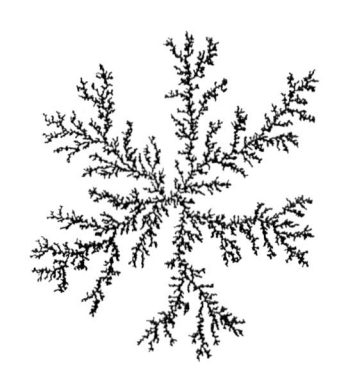

図 8.2　シミュレーションによって作成された DLA クラスター

そこに全体像のミニチュアが見て取れる．すなわち，DLA クラスターは自己相似になっているように思われる．ただし，古典的フラクタルの章で議論したような規則的な構成法ではないので，その自己相似性は厳密ではなく，統計的に成立しているにすぎない．統計的自己相似性は，DLA クラスターの分布について論じられるべきであるが，いまだに確立した理論はない．どのような量を統計量として定義すべきかは興味ある課題である．

生成された DLA クラスターを見ると，拡散粒子の特性が浮かび上がる．前章で考察したように，拡散粒子はランダム・ウォークするから，その軌跡の次元は $d_W = 2$ である．したがって，広い区域内を徘徊する拡散粒子は内部に入り込むより前に外側に伸びた主枝に付着する確率が高いのである．このような状況を遮蔽効果という．その結果 DLA クラスターの枝は大きく開き，比較的広いすき間を有している．しかし，枝の間が開きすぎると，その内部へ粒子が入り込むことが可能になる．この競合は内部の短い枝の間でも存在する．つまり，DLA クラスターの形成過程において，遮蔽効果によって開いた形になろうとする傾向と，拡散粒子が自由に往来してすき間を埋めようとする傾向がいかなるスケールにおいてもつり合い，最終的な自己相似のパターンが形つくられる．

もう一つの DLA クラスターの特徴は，形成過程の「ゆらぎ」を反映した構造になっている点である．先に述べたように，DLA クラスターの成長はランダムに，かつ不可逆的に行われる．すなわち，先に到着した粒子がどこに付着したかが，その後に飛来してくる粒子の付着確率に大いに影響を与えるのである．付着確率が小さい表面でも，乱数の出方によってはたまたま付着することがありうる．いったん付着するとクラスターの形がそれだけ変化するため次の粒子が付着する確率もそれにともなって変化する．これをゆらぎの効果という．このように DLA クラスターは偶然が積み重なった結果として無秩序な一つのパターンを形づくる．

結論として，DLA クラスターはフラクタルであることがわかる．そのフラクタル次元 d_D の値は，質量の中心からの動径分布や相関関数を測定して決められている．現在まで報告されている推定値を表 8.1 にまとめた．ここにのせてある理論値は，8.5 節で導出される理論式から得られる値である．比較的

表 8.1 DLA クラスターのフラクタル次元 d_D

空間次元 d	軌跡の次元 d_W	η	拡散粒子を用いた シミュレーション	ラプラス方程式の 数値解析	理論値
2	2	1	1.71	1.70	$5/3 \fallingdotseq 1.67$
3	2	1	2.5	2.6	$10/4 = 2.50$
4	2	1	3.3	–	$17/5 \fallingdotseq 3.40$
5	2	1	4.2	–	$26/6 \fallingdotseq 4.33$
6	2	1	5.3	–	$37/7 \fallingdotseq 5.29$
2	4/3	1	1.9	–	$13/7 \fallingdotseq 1.86$
2	5/3	1	1.8	–	$7/4 = 1.75$
2	1	1	2.0	–	2.00
2	1	1	3.0	–	3.00
2	2	1/2	1.8	1.9	$9/5 = 1.80$
2	2	2	1.5	1.4	$6/4 = 1.50$
3	2	1/2	–	2.8	$19/7 \fallingdotseq 2.71$
3	2	2	–	2.3	$11/5 = 2.20$

致がよいことがわかる.

8.3 数学的定式化と DLA の拡張

DLA のアルゴリズムを数学的に整理してみよう. このことによって現象のより深い理解が期待される.

DLA クラスターを構成する拡散粒子は遠方から放出されてランダム・ウォークをする. 位置 r, 時刻 t における拡散粒子の存在確率を $u(r,t)$ とすると, 前章で導いたように $u(r,t)$ は拡散方程式

$$\frac{\partial u(r,t)}{\partial t} = D_{\mathrm{diff}} \Delta u(r,t) \tag{8.1}$$

に従う. ところが, DLA の成長アルゴリズムでは拡散粒子を 1 個ずつ放つのであるから, 左辺の時間微分の項は無視できてラプラス方程式

$$\Delta u(r,t) = 0 \tag{8.2}$$

とみなすことができる. 境界条件はクラスターの内部および境界で $u(r,t) = 0$, 遠方の粒子源で $u(r,t) = u_\infty$ である.

k ステップめでクラスターの表面 r_s に粒子が付着する確率 $p_g(r_s)$ も同様に

求めることができる．表面 r_s へ粒子が到着する確率は

$$p_g(r_s) = z^{-1} \sum_a{}' u(r_s + a, k-1) \tag{8.3}$$

と与えられる．ここで，$\sum_a'$ はクラスターの内部と境界を除いた隣接格子点についての和を意味している．右辺を

$$u(r_s + a, k-1) \simeq u(r_s, k-1) + a \cdot \nabla u(r_s, k-1) + \cdots \tag{8.4}$$

と展開して，クラスター内部および境界では $u = 0$ であることに注意する．クラスターの表面が格子間隔と比較して十分滑らかであると仮定できれば，前章で行ったように連続化して，クラスター表面 r_s への付着確率 $p_g(r_s)$ は

$$p_g(r_s) \simeq n \cdot \nabla u(r_s) \tag{8.5}$$

と表される．ただし，クラスター表面の外向き法線ベクトルを n とした．

付着確率の表現を工夫することによって DLA モデルを一般化することが可能になる．すなわち，クラスター表面 r_s における付着確率を

$$p_g^{(\eta)}(r_s) = \frac{|\nabla u(r_s)|^\eta}{\sum_{r_s} |\nabla u(r_s)|^\eta} \tag{8.6}$$

と実数 η ($\eta \geq 0$) を導入して一般化する．分母は付着確率の規格化条件のために，クラスター表面に属する全ての格子点に関する和を表している．この拡張されたモデルは，使用された文字にちなんで η モデルと呼ばれる．

η 値が大きい場合は $p_g(r_s)$ が大きいクラスター表面の格子点が選ばれる傾向が強調される．前節で議論したようにクラスターの先端の方が大きい付着確率をもつのでクラスターは先に伸びた細長い形になる傾向がある．その結果，生成されるクラスターのフラクタル次元は小さくなる．逆に，小さな η 値の場合は，クラスター内部の付着確率も外部の付着確率もそれほど差がなくなり，内部の微細構造が失われ，大きなフラクタル次元をもつクラスターが形成される．極端に $\eta = 0$ にすると，どの表面格子点への付着確率も等しくなる．拡散粒子を用いず表面格子点を任意に選んで成長させていくイーデン・モデルと等価に

8.3 数学的定式化と DLA の拡張

なり，生成されるクラスターのフラクタル次元は空間次元と一致する．

(8.2) 式と (8.5) 式あるいは (8.6) 式に基づいて，シミュレーションの別の方法が見出される．2 次元正方格子について説明する．格子点の位置を (i,j) で表し，格子点 (i,j) における拡散粒子の存在確率を $U(i,j)$ とする．クラスターに属する格子点では $U(i,j) = 0$, 遠方の円周上では $U(i,j) = -1$ とする．(8.2) 式は

$$\{U(i-1,j) + U(i+1,j) + U(i,j-1) + U(i,j+1)\} - 4U(i,j) = 0 \quad (8.7)$$

のように離散化される．これを

$$U(i,j)^{(k+1)} = U(i,j)^{(k)} + \omega\left[\frac{1}{4}\{U^{(k)}(i-1,j) + U^{(k)}(i+1,j)\right.$$
$$\left. + U^{(k)}(i,j-1) + U^{(k)}(i,j+1)\} - U(i,j)^{(k)}\right] \quad (8.8)$$

のように漸化式とみなして十分収束するまで計算を繰り返す．ただし，ω は超緩和パラメータで適当にその値を選ぶことによって収束を早くすることができる．クラスターを境界条件としてラプラス方程式，(8.8) 式を解き，表面における $U = u(r_s)$ を用いて付着確率 $p_g^{(\eta)}(r_s)$, (8.6) 式を計算し，乱数を振ってのサイトを成長させるか否かを決める．もし付着させることになったら 1 格子点だけクラスターを大きくし，新しい境界条件のもとで離散的ラプラス方程式を解く．この手順を繰り返して大きなクラスターを形成する．しかし，大きいクラスターを形成するためには十分長い計算時間を必要とする．

η モデルについても拡散粒子を用いたシミュレーションのアルゴリズムがある（図 8.3）．$\eta = 2$ の場合を考えよう．まず 1 個の粒子を通常のようにランダム・ウォークさせ，その粒子がクラスターの表面 r_s に付着したものとする．次にこの r_s 点から粒子を放出して十分遠方まで逃げ去ったときにはじめて r_s に 1 個の粒子をつけ加えクラスターを成長させる．クラスターのどこかに捕らえられたときには，その粒子を捨て去る．逆プロセスも同確率で起こるので r_s 点に 2 個の粒子が付着したことと等価であるから，$p_g^{(\eta)}(r_s) \simeq |\nabla u|^2$ となり $\eta = 2$ に相当する．他方 $\eta = 1/2$ の場合は，r_s から同時に 2 個の粒子を放出して r_s の近傍 r_s', r_s'' へ 2 個ともが付着したときにのみ r_s', r_s'' の点のそれぞれへ 1 個

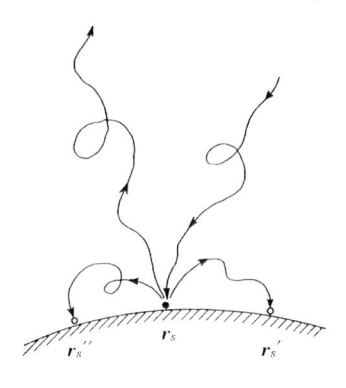

図 8.3 η モデルに対するシミュレーションのアルゴリズム

の粒子をつけ加える．このプロセスでは r'_s および r''_s の 2 点に付着することが r_s への付着とみなされるから，$p_g^{(\eta)}(r'_s) p_g^{(\eta)}(r''_s) \simeq |\nabla u|$ が成立する．r'_s, r''_s の両点は r_s の近傍だから，$p_g^{(\eta)}(r_s) \simeq |\nabla u|^{1/2}$ ということになる．この方法を一般の有理数の場合に拡張できることは明らかであろう．

8.4 実験でつくられる DLA クラスター

理想的な環境を工夫してつくってやれば，計算機の中で考え出された DLA クラスターを実世界の中に再現できる．空想の世界に留まらずに，実際に存在することが確かめられたことの意義は大きい．以下に紹介する実験はいずれも大規模な装置を必要とするわけでないが，卓抜したアイデアで見事な成果を得ている．なお，解析が容易な 2 次元的パターンに限ることにする．

a. 金 属 葉

適当な有機液体と金属塩水溶液との 2 液界面上で電析を行うと，木の葉のような形をした金属電析物が界面にそって成長する（図 8.4）．金属メッキの失敗作である金属葉は，町工場で幾度となく見られたものに違いないが，フラクタルという視点を通して再認識されたのである．フラクタル次元は $d_D = 1.66 \pm 0.03$ である．

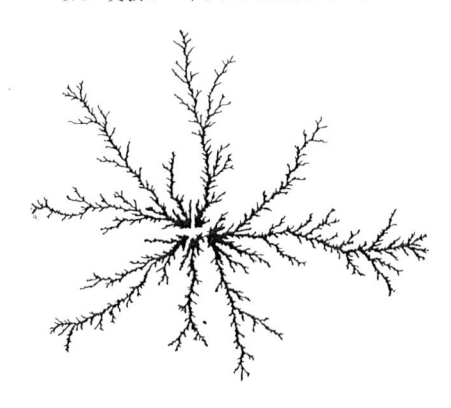

図 8.4 金属葉のフラクタル・パターン

電析は各種のイオンが存在する複雑な化学反応であるが，いくつかの簡単化を行うと金属イオンの濃度に関する拡散方程式に帰着される．金属葉の実験は，負イオンの再配置による金属イオンの有効的な拡散現象とみなされる．

b. 粘性指

高い粘性の流体が詰まった2枚のガラス板の間に低い粘性の流体を高い圧力をかけて注入すると，両流体の境界はある条件下で枝分かれを無数に起こし，図 8.5 (文献 [15]) に示されるようにフラクタルなパターンを形成する．報告されているフラクタル次元は，$d_D = 1.70 \pm 0.05$ である．この場合は速度ポテンシャル，あるいは圧力がラプラス方程式を満足する．

c. 誘電破壊

電気を通さない気体，液体，固体などに高電圧をかけると，狭いチャネルをたどって不可逆的に電気伝導が大きくなる誘電破壊が起こる．そのチャネルが複雑な枝分かれをしたパターンを描くことが知られている．雷もその例であるが，空気の密度や湿度が一様でないためイナズマの解析は困難である．

実験的に誘電破壊のパターンは次のよう観測された．ガラス箱内に SF_6 ガスを封入して，中心に陰極，ガラスの下面に金属板を張り陽極とする．瞬間的に高電圧をかけると図 8.6 に示されているようなフラクタル・パターンが得られ

図 8.5 粘性指のフラクタル・パターン
（H. van Damme）

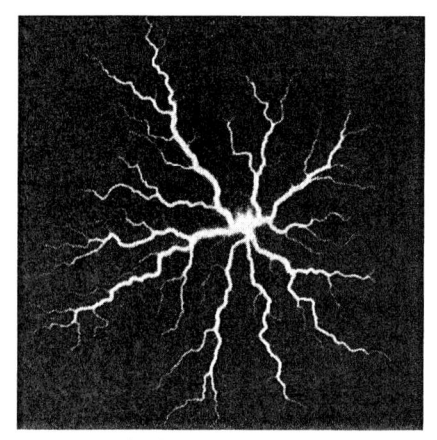

図 8.6 誘電破壊のフラクタル・パターン

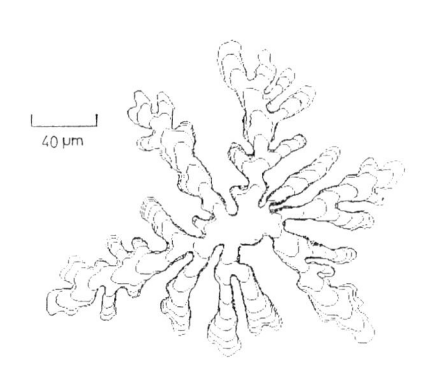

図 8.7 結晶成長によるフラクタル・パターン

図 8.8 バクテリア・コロニーによるフラクタル・パターン（M. Matsushita, H. Fujikawa）

る．フラクタル次元は $d_D \fallingdotseq 1.7$ と見積もられた．

d. 結 晶 成 長

拡散律速による結晶成長も拡散場におけるパターン形成であるが，通常の結晶では異方性が強いため DLA 状パターンは見られない．しかし，試料を挟んだガラス板にランダムに細かい傷をつけ，人為的にランダムさを導入して DLA 的なフラクタル・パターンを作ることができる．図 8.7 は，ランダムに先端分岐を繰り返しながら枝が伸び，パターンが成長していく様子を示している．測

定されたフラクタル次元は $d_D = 1.671 \pm 0.002$ である.

e. バクテリア・コロニー

シャーレで培養されたバクテリア・コロニーは普通円形をしている.しかし,培養する栄養を非常に乏しくし,なおかつ寒天培地を非常に固くすると,図 8.8 (文献 [15])に示されているような DLA 状パターンが形成される.拡散場が何であるかは不明であるが,バクテリア細胞から何らかの情報が放出されているのかもしれない.いずれにしても生物体がフラクタル・パターンをつくることは非常に興味深い.

8.5 DLA クラスターのフラクタル次元の理論

DLA クラスターの生成規則に基づき微視的視点から DLA クラスターのフラクタル次元を求めるための,成功した理論はいまだ存在しない.この節では現象論的ではあるが,現在までに最も説得力があると思われている理論を紹介する.この理論は内部に侵入してくる粒子がクラスターの自己相似性を完成させることに着目して論理を次元解析(付録 D 参照)に基づき展開する.フラクタル次元という次元を求めるのであるから,次元解析は有力な方法と期待される.

N 個の粒子からなる DLA クラスターの大きさを回転半径 R で評価する.i 番目の粒子の位置を $\bm{r}_i$ とすると,回転半径 R は,

$$R = \sqrt{\frac{1}{N}\sum_{i=1}^{N}(\bm{r}_i - \bar{\bm{r}})^2} \tag{8.9}$$

によって定義される.ただし,$\bar{\bm{r}} = N^{-1}\sum_i \bm{r}_i$ は,クラスターの重心である.DLA クラスターのフラクタル次元を d_D とすると,(5.22) 式より

$$N \simeq R^{d_D} \tag{8.10}$$

の関係が満たされる.原点(種)から半径 r で厚み $\mathrm{d}r$ の殻に含まれる粒子数 $\rho(r)\mathrm{d}r$ (以下,$\rho(r)$ を動径密度と呼ぶ)は

$$\rho(r) \simeq r^{d_D - 1} \tag{8.11}$$

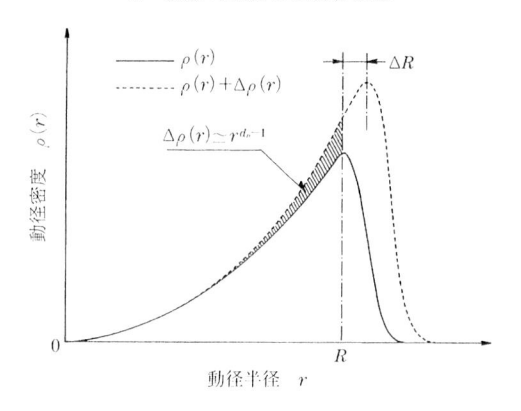

図 8.9 粒子数密度の変化

で与えられる.なぜなら,この式を 0 から R まで積分したものが全粒子数 N に他ならないからである.ただし,文字どおり全粒子数を得るためには無限大まで積分しなければならないが,R までの積分で全粒子数 N の大方が含まれていることに注意しよう.

次に,新たに ΔN 個 $(1 \ll \Delta N \ll N)$ の拡散粒子がつけ加わって不可逆的に成長したクラスターを考える.このクラスターもフラクタルであるはずであるから,

$$N + \Delta N \simeq (R + \Delta R)^{d_D} \tag{8.12}$$

の関係が成立することが要請される.ここで,ΔR は,ΔN の粒子が加わったため生じたクラスターの回転半径 R の増加分を表す.また,このとき動径密度 $\rho(r)$ も変化することに注目する.この変化分 $\Delta\rho(r)$ はどのように r に依存するか考えてみよう.新たに追加された粒子は,当然クラスターの外側に張り出した主枝にその大部分が付着する.しかし,小数ではあるがクラスターの奥に迷い込んでくる粒子も存在する.外側に付着する粒子はクラスターの骨格を大きくする役割をするが,クラスターの自己相似性はそこでは十分には完成されない.奥まで侵入してくる小数の粒子がクラスターの細部構造を繕いながらその自己相似性を完成させていく.おおむねこの様子は図 8.9 のようであろうと想像される.この内部で自己相似性を維持していくためには

8.5 DLA クラスターのフラクタル次元の理論

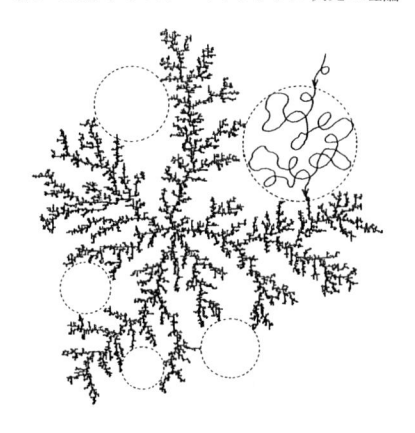

図 8.10 粒子の軌跡とボイド

$$\Delta\rho(r) \simeq r^{d_D - 1} \qquad (a \ll r \ll R) \tag{8.13}$$

でなければならない．なぜならば，(8.11) 式と (8.12) 式を満足するためには (8.13) 式が要請されるからである．

次に，遠方から飛来してきた粒子を考えよう（図 8.10）．まだクラスターに付着していないのであるから，この粒子は自由にあちらこちらを飛びまわっている．クラスターの内部に入り込んでいても，まだそこがすき間（以下，ボイドと呼ぶ）であれば，クラスターを構成している粒子との間に相互作用は働いていないので，すぐそばにクラスターがあることに気がついていない．したがって，動径密度の増加分 $\Delta\rho(r)$ は，その位置でのボイドの体積に比例する．すなわち，中心から r の距離にある殻内で平均されたボイドの差渡しの長さを $l(r)$ と記すと，

$$\Delta\rho(r) \simeq [l(r)]^d \tag{8.14}$$

である．

では，このボイドの大きさ $l(r)$ はどのような機構から決められるのであろうか．ボイドに迷い込んできた粒子がクラスターに付着するためには二つの要因が満たされねばならない．その一つは，粒子がその軌跡でつくられる空間の表面に顔を出さねばならないことである．その平均数 $N_{\mathrm{rw}}(r)$ は

$$N_{\rm rw}(r) \simeq [l(r)]^{d_W-1} \tag{8.15}$$

である. 粒子が顔を出したとしても, そこに付着しうる相手のクラスターがなければ粒子は凝集することができない. 半径 r でのクラスターの粒子密度 $\sigma(r)$ は

$$\sigma(r) \simeq \frac{r^{d_D-1}}{r^{d-1}} = r^{d_D-d} \tag{8.16}$$

と見積もられるから, 1個の粒子が付着する確率 $p(r)$ は $N_{\rm rw}(r)$ との積

$$p(r) \simeq N_{\rm rw}(r)\sigma(r) \tag{8.17}$$

で表される. このボイドは十分奥にあると考えているので, $p(r)$ はほとんど 1 に等しい. このことから, ボイドの大きさ $l(r)$ は

$$l(r) \simeq r^{(d-d_D)/(d_W-1)} \tag{8.18}$$

と得られる.

これを (8.14) 式に代入したものが (8.13) 式に等しいという条件から, r の指数を合わせて d_D に関する方程式

$$d_D - 1 = \frac{d(d-d_D)}{d_W - 1} \tag{8.19}$$

が導かれる. これは, ただちに解けてフラクタル次元を表す式

$$d_D = \frac{d^2 + d_W - 1}{d + d_W - 1} \tag{8.20}$$

が得られる.

この式は簡潔な形をしているばかりでなくいくつかの点で非常にうまくいっている. 検証してみよう. まず, $d = 1$ のときは $d_D = 1$ と自明の答になる. 弾道軌道凝集である $d_W = 1$ の場合は正しく $d_D = d$ が導かれる. また当然満たすべきと考えられている不等式

$$d - d_W + 1 \leq d_D \leq d \tag{8.21}$$

も成立していることが容易に確かめられる. フラクタル次元 d_D の上限は $d_W = 1$

のとき，下限は $d \to \infty$ のときに現れる．数値的な一致も表 8.1 に見られるように良好である．拡散粒子がランダム・ウォークをしている場合である $d_W = 2$ を (8.20) 式に代入すれば，

$$d_D = \frac{d^2 + 1}{d + 1} \tag{8.22}$$

となる．この式はすでに異なる方法で提案されていたが，その導出方法に疑問がもたれていた．しかし，全く異なる方法で同じ答えが導かれることは興味深い．

η モデルへの適用も容易である．付着確率が変わることによって変更を受けるのは，ボイドの大きさ $l(r)$ である．拡散粒子を用いたシミュレーションのアルゴリズムを思い出そう．$\eta = n/m$ の場合，n 個の粒子がボイドの中をさまよい，クラスターに m 回捕らえられるのであるから，

$$p(r) \simeq [N_{\mathrm{rw}}(r)]^n [\sigma(r)]^m \tag{8.23}$$

の関係が成立する．この関係からボイドの大きさ $l(r)$ の r 依存性は

$$l(r) \simeq r^{(d - d_D)/\{\eta(d_W - 1)\}} \tag{8.24}$$

と導かれる．よって，(8.13) 式，(8.14) 式より η モデルのフラクタル次元の式が

$$d_\eta = \frac{d^2 + \eta(d_W - 1)}{d + \eta(d_W - 1)} \tag{8.25}$$

と導かれる．この式は非常に簡潔で (8.20) 式の自然な拡張になっている．イーデン・モデルに相当する $\eta = 0$ の場合は $d_\eta = d$ となり予想と一致する．シミュレーションによる結果との比較は表 8.1 になされている．

次元解析法が成功した理由は次の 2 点に要約される．第 1 点は，不可逆的に成長する DLA クラスターの振る舞いの特徴を粒子数の増加によってとらえたことにある．DLA のアルゴリズムには時間の概念がないことに注意しよう．第 2 点は，クラスターの内部構造まで立ち入り連続体近似を超える取扱いが可能になったことである．

9 自己組織化臨界現象

　フラクタル研究が盛んになり，自然界のさまざまな分野でフラクタルが見出されるようになると，逆に，なぜこんなに遍在するのだろうかという疑問が湧いてくる．この質問に答えようと提案されたのが「自己組織化臨界現象」という概念である．本章では，この概念を具現化した砂山モデルとともに議論する．

9.1 基本的考え方

　砂山モデルを説明する前に，「自己組織化臨界現象」という概念の基本を述べる．自己組織化と臨界現象に分けて説明するとわかりやすいだろう．
　6章で臨界現象を一般的な形で説明し，具体的には代表的な例として「パーコレーション」問題を考察した．そこでもいくつかの物理量を議論したが，共通する本質的な点はそれらの量が特性指数で特徴づけられる「べき則」に従っていることである．相関関数を考えれば理解されるように，べき則に従って無限遠まで有限の相関が持続する状態は異常で，まさしく「臨界状態」である．臨界状態を幾何学的にとらえた概念が「自己相似性」であり，自己相似性を有する図形がフラクタル次元で特徴づけられるフラクタルに他ならない．
　しかし，「パーコレーション」問題を例とするように臨界現象は唯一点臨界点 p_c のごく近傍でみられる現象であって，線分の中の1点に相当するように非常に珍しいものである．そして，系の状態を外部から調節するパラメータが存在する．パーコレーションでは濃度 p であり，磁気系では温度である．われわれは，外部パラメータをちょうど臨界点に留まるように調節しなければ，臨界状態をつくり出すことはできない．

したがって，もしフラクタルが自然界に遍在することが事実であれば，自然界には自己相似構造＝臨界状態を自らつくり出す能力が備わっているのではないかという期待を抱かせる．それに応えようと提案されたもともとのアイデアは，
1) 散逸が強く，
2) 無数の準安定状態が存在し，
3) 空間的に広がって分布し，相互作用しているような

系をゆっくり駆動すれば，外部パラメータを特別な値に調節しなくても，系自身のダイナミクスに従って自発的に臨界状態へと時間発展していくというものである．自己組織化臨界現象を具体化したものがこれから説明する「砂山モデル」である．

9.2 1次元の砂山モデル

砂山モデルはセル・オートマトンの一種で，空間・時間・状態変数を離散的な整数値で表現する．空間は格子点にのみ意味があり，この章ではサイトと呼ぶことにする．あるサイト i における状態変数はその位置における砂山の高さ $h(i)$ である．ある時間ステップから次の時間ステップへの状態遷移の規則は，格子点の状態と近傍の点の状態によって決まる．

問題の説明が簡単であるのでまず1次元の場合について説明する（図 9.1）．1次元格子の大きさを L とする．サイト i における砂山の高さが $h(i)$ であるから，サイト i における砂山の勾配は，

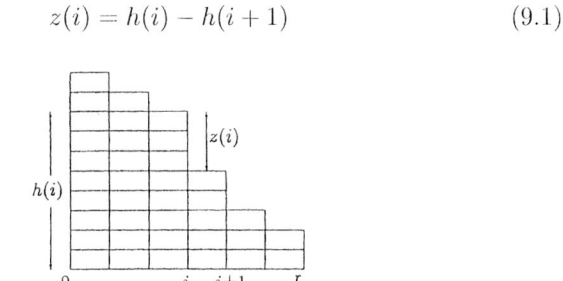

$$z(i) = h(i) - h(i+1) \tag{9.1}$$

図 9.1 1次元の砂山モデル

と与えられる．図 9.1 は砂山の半分を表したものであるが，砂山の振る舞いはおそらく左右対称であろうから半分だけ考えれば十分である．

この状態にある砂山に 1 単位の砂粒を加える．具体的にはランダムにサイト i を選び，そのサイトの高さ $h(i)$ に 1 を加え，$h(i)+1$ とする．これは同時にサイト i での勾配が 1 だけ増加し，サイト $i-1$ の勾配が 1 だけ減少することを意味している．すなわち，

$$\begin{cases} z(i) \to z(i)+1 \\ z(i-1) \to z(i-1)-1 \end{cases} \tag{9.2}$$

となる．

次に，砂山の勾配にはしきい値 z_c が存在し，$z(i)$ の値がそのしきい値 z_c より大きくなると，そのサイト i で砂粒が崩落するものとする．すなわち，$z(i) > z_c$ となれば，$h(i)$ を 1 だけ減らし，$h(i+1)$ を 1 だけ増やす．結局，サイト i とその周辺におけるサイトの勾配が

$$\begin{cases} z(i) \to z(i)-2 \\ z(i\pm 1) \to z(i\pm 1)+1 \end{cases} \tag{9.3}$$

のように変化することになる．この変換を通じて $\sum_i z(i)$ が不変に保たれることは重要である．したがって，状態変数としては，砂山の高さ $h(i)$ 自身より $z(i)$ の方が基本的である．これらの理由によって，以下では $h(i)$ の代わりに状態変数として $z(i)$ を用いる．

あるサイトにおける砂粒の崩落のために隣接サイトの勾配が大きくなり，新たにそれらのサイトにおける勾配がしきい値を超える可能性がある．隣接サイトにおける砂粒の崩落はさらにその隣接サイトの崩落を導く．この一連の崩落は全てのサイトにおける勾配がしきい値以下になるまで続く．これがいわゆる「なだれ」である．

系の左端は砂山の頂上であるから常に $z(0)=0$ であるが，右端の境界条件としては次の二つが考えられる．その第 1 は，境界に壁がある場合に相当して，状態遷移を通じて常に

$$z(L) = 0 \tag{9.4}$$

と設定する，閉じた境界条件ともいうべきものである．右端が開いており砂粒が外へ流出する，第2の開いた境界条件では，$z(L) > z_c$ ならば，

$$\begin{cases} z(L) \to z(L) - 1 \\ z(L-1) \to z(L-1) + 1 \end{cases} \tag{9.5}$$

とする．第2の境界条件では系全体の $\sum_i z(i)$ は常に一定の値に保たれるが，第1の境界条件では境界における状態遷移を通じて $\sum_i z(i)$ は減少していく．

さて，系は次のように変遷していく．ランダムにサイト i を選び，その位置の $z(i)$ に1を加える．こうして各サイトの z を増していくとそのうちいずれかのサイトでしきい値を超えて砂粒の崩落が起り，前述したように「なだれ」が発生する．しかし，1次元の場合はやがて全てのサイトで同じ値 z_c になり，その後はいくら新たに砂粒を加えたとしても系の右端に崩れ落ちていくだけという，自明の状態になるのみである．

9.3 2次元の砂山モデル

2次元で一辺が L の正方格子を考える．各サイト (i,j) に0以上の整数 $z(i,j)$ を与え，サイト (i,j) の「勾配」とする．勾配は本来ベクトル量であるが，モデルを簡単にするためスカラーと考える．砂山そのものとしては適当でないが，モデルのもつ基本的な振る舞いを明らかにするのが目的であるので，この簡単化は本質的ではない．

セル・オートマトンの規則は，次の2プロセスから構成される．プロセス (A) では，ランダムにサイト (i,j) $(1 \leq i,j \leq L)$ を選び，

$$z(i,j) \to z(i,j) + 1 \tag{9.6}$$

とする．この操作は，箱全体を傾けることによって砂山全体の傾きを増加させることに相当する．砂山の局所的な勾配がしきい値 z_c 以下ならば，砂山には何も起こらない．しかし，プロセス (A) を繰り返し行うことによって，いずれどこかのサイトでその局所的な勾配がしきい値を超えるときがやってくる．すなわち，もし，(i,j) サイトで $z(i,j) > z_c$ となったとすれば，プロセス (B)

$$\begin{cases} z(i,j) \to z(i,j) - 4 \\ z(i \pm 1, j) \to z(i \pm 1, j) + 1 \\ z(i, j \pm 1) \to z(i, j \pm 1) + 1 \end{cases} \tag{9.7}$$

を実行する．なお，$z_c = 3$ とする．プロセス（B）では z 値の総和は不変であることに注意する．

プロセス（B）が適用されたとき，砂粒の崩落が起こったことになる．サイト (i,j) でプロセス（B）を実行すると，隣接サイトにおける $z(i\pm 1,j)$ や $z(i,j\pm 1)$ が 1 だけ増加する．その結果，いくつかの隣接サイトでしきい値を超えることが起こりうる．あるサイトにおける砂粒の崩落が，隣のサイトにおける砂粒の崩落を起こし，結果として数多くのサイトを巻き込む「なだれ」を誘発する．やがて，全てのサイトにおける z 値がしきい値以下になって「なだれ」はおさまる．その後は再び崩落が起こるまでプロセス（A）を実行する．

ここで，境界条件としては，閉じた境界条件

$$z(i,1) = z(1,j) = z(i,L) = z(L,j) = 0 \qquad (0 \leq i, \quad j \leq L) \tag{9.8}$$

を採用する．崩れ落ちた砂粒が砂山のふもとに堆積することによって，砂山全体の高さが減少することを意味し，z 値の総和は保存しない．

このようにプロセス（A）とプロセス（B）を繰り返すことによって砂山を時間発展させる．プロセス（B）では z 値の総和は保存するが，プロセス（A）で増加し，境界で減少する．やがて，図 9.2(a) に示されているように，平均の勾配 $\langle z \rangle$ がほぼ一定となる定常状態に落ち着く．1次元モデルと異なり，定常状態における平均の勾配 $\langle z \rangle = 2.1$ はしきい値 $z_c = 3$ より小さくなっていることに注目してほしい．図 9.2(a) では全てのサイトで勾配が 0 である状態からスタートさせたが，任意の初期状態を採用しても定常状態における平均の「勾配」は一致する．どのような状態から始めようとも，砂粒を加えていけば同じような形状の砂山が形成され，一旦形成された後には砂粒を加えても，もはや砂山の形は変わらなくなることに対応している．この性質は力学系のアトラクターや漸化式の安定な固定点とよく似ている．

定常状態で平均の勾配 $\langle z \rangle$ は一定であるように見えるが，拡大図である

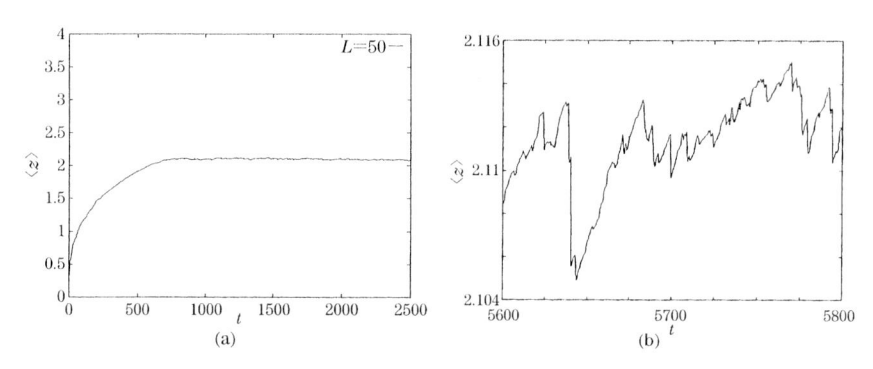

図 9.2　平均の勾配 $\langle z \rangle$ の時間変化 (a) とその拡大図 (b)

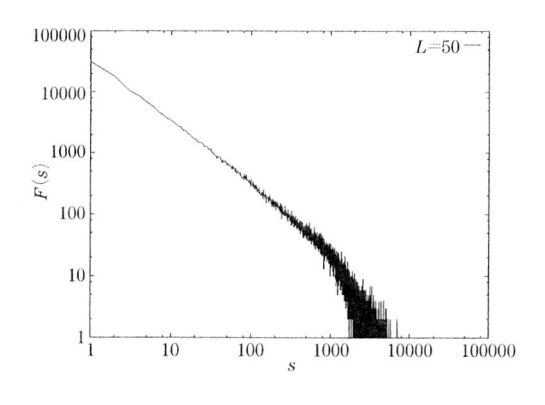

図 9.3　「なだれ」のサイズ分布

図 9.2 (b) でわかるように短い時間の間に $\langle z \rangle$ は激しく上下にゆらいでおり，「なだれ」が頻発している様子を示している．「なだれ」のサイズの統計的性質に基づいて定常状態は臨界状態であることを議論する．1 回の「なだれ」において崩れるサイトの延べ数を「なだれ」のサイズと定義し，s と記し，その頻度 $F(s)$ を数える．「なだれ」の発生状況によっては，同じサイトが重複して崩れることがあるので，s の値は $L \times L$ を超えることもありうる．測定結果が図 9.3 に示されている．この図は両対数グラフにプロットされており，ほぼ直線になっていることから

$$F(s) \simeq s^{-\tau} \tag{9.9}$$

とべき則が成り立つことがわかる．大きな s で直線からはずれているのは，系のサイズ L が有限であるためである．ここで現れる指数 τ は，約 1.0 である．「なだれ」のサイズ分布がべき則に従うことは，この砂山の系に特徴的な大きさが存在しないことを意味している．こうした事情は臨界状態の特徴であるから砂山の定常状態は臨界状態である．観測者の意図とは関係なく系は自発的に臨界状態へと引き込まれていく．これが自己組織化臨界状態に他ならない．

9.4 異方的な砂山モデル

臨界状態の本質的な特徴はその指数が示す普遍性であった．実際砂山モデルにおいても指数 τ の値は，基盤である格子の種類，境界条件やプロセスにおける細かい規則には依存しないことが知られている．しかし，プロセス (B) を完全に異方的にし，一軸方向にすると τ の値は $\tau = 1.24$ に変化する．対称性が異なるのでこの差異は当然と思われていた．しかし，異方性の強さを連続的に変えることが可能であり，それにともなって指数 τ も連続的に変化することが見出された．特性指数の連続的な変化は平衡系の臨界状態では見られないことであるので，非平衡系の特徴と考えられる．以下で具体的に説明する．

プロセス (A) は同じであるが，プロセス (B) を次のように変更する．すなわち，$z(i,j) > z_c = 2(z_u + z_d) - 1$ ならば

$$\begin{cases} z(i,j) \to z(i,j) - 2(z_u + z_d) \\ z(i-1,j) \to z(i-1,j) + z_u \\ z(i+1,j) \to z(i+1,j) + z_d \\ z(i,j-1) \to z(i,j-1) + z_u \\ z(i,j+1) \to z(i,j+1) + z_d \end{cases} \quad (9.10)$$

とする．修正版プロセス (B) においても z 値の総和は不変である．

$$c = \frac{z_d}{z_u} \quad (9.11)$$

を異方性のパラメータとする．$c = 1$ ($z_u = z_d$) が等方的の場合である．実際の砂山の砂粒には無視できない質量があり，重力のために下方に崩れ落ちる傾

向が横方向より強い．異方性パラメータ c はこの効果を考慮するために導入された．$z(i,j)$ が整数に留まるように，整数 z_u, z_d を調整して異方性パラメータ c の値を変える．一般性を失わずに $c \geq 1$ と仮定できる．

さて，パラメータ c を変えて「なだれ」のサイズ分布を測定すると，(9.9) 式のようなべき則が成立するが，その指数 τ は c の関数として

$$\tau(c) = [\tau(1) - \tau(\infty)] \exp[-K(c-1)] + \tau(\infty) \qquad (9.12)$$

のようになだらかに変化することが見出された．ただし，$K = 0.6$ とすると最も測定値によく合う．$\tau(1) = 1.0$ が等方的である場合で，$\tau(\infty) = 1.24$ が完全に一軸的である場合である．

次に，「なだれ」のサイズ分布の有限サイズ効果を調べるために，(9.9) 式のサイズ分布を拡張して，一辺 L の系における「なだれ」のサイズ分布 $F(s, L)$ を導入する．この $F(s, L)$ を用いて「なだれ」のサイズの平均

$$\langle s \rangle = \sum_s s F(s, L) \qquad (9.13)$$

を定義する．L を変化させて $F(s, L)$ を求め，定義 (9.13) 式より「なだれ」の平均サイズ $\langle s \rangle$ を求めると図 9.4 が得られる．平均サイズもべき則

$$\langle s \rangle \simeq L^w \qquad (9.14)$$

に従うと期待して両対数グラフにプロットしてあるが，これでは $c = 1$ の場合を除いて直線であるかどうかの結論は出せない．しかし，データ点とデータ点の間を結んだ線分の傾き $\Delta \log \langle s \rangle / \Delta \log L$ をプロットした図 9.5 を見ると，$c = 1$ では $w = 2$ であるが，$c > 1$ では $L \to \infty$ になるにつれて，いずれ $w = 1$ に漸近していくことが推論される．「なだれ」の形を示した図 9.6 を見れば，$c = 1$ では等方的であるのに対して，$c = 2$ では一軸的になっている．少しでも異方的であると一軸的であるのでこの推論は合理的であるが，後に理論的な考察によって厳密に証明された．(9.14) 式に現れた指数 w は，系のもつ等方性という対称性の有無によって 2 から 1 へと不連続に変化する．

さらに，「なだれ」のサイズ分布 $F(s, L)$ に対して，有限サイズ・スケーリン

102   9. 自己組織化臨界現象

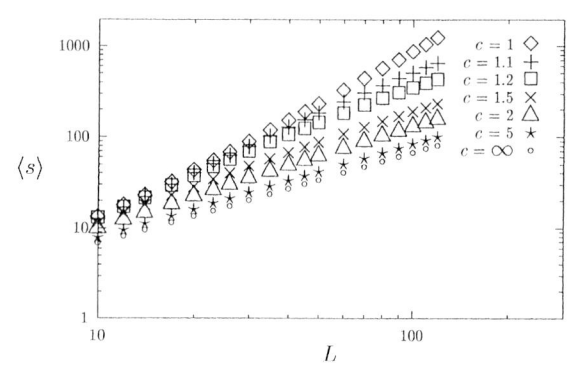

図 9.4 「なだれ」の平均サイズ $\langle s \rangle$ の L 依存性

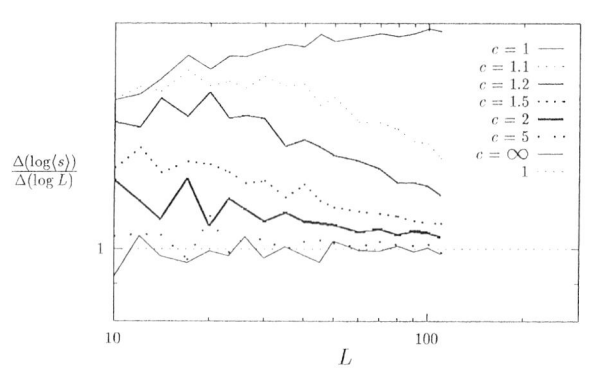

図 9.5 図 9.4 における局所的傾きの L 依存性

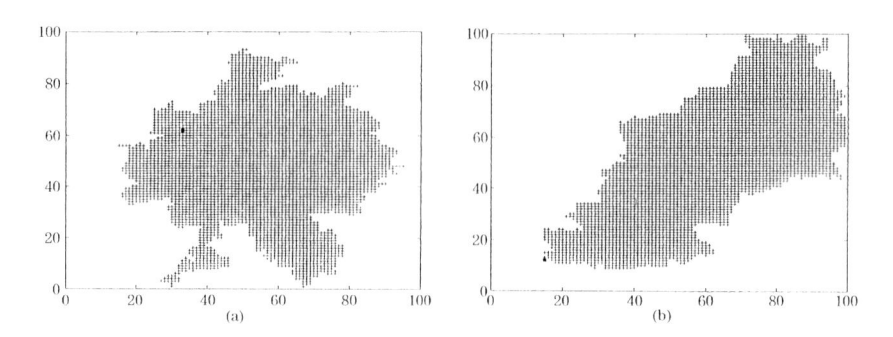

図 9.6 「なだれ」の形状
(a) $c = 1$ の場合, (b) $c = 2$ の場合.

グ則
$$F(s,L) = L^{-\beta} g\left(\frac{s}{L^{\nu}}\right) \tag{9.15}$$
が成立することも示される．s が系のサイズ L に比べて小さい領域では，$F(s,L)$ は L によらず $F(s,L) \simeq s^{-\tau}$ となるはずであるから，$g(x) \simeq x^{-\tau}\ (x \ll 1)$ であり，かつ
$$\beta/\nu = \tau \tag{9.16}$$
であることがわかる．一方，$\langle s \rangle = \sum_s s F(s,L) \simeq L^w$ から，
$$2\nu - \beta = w \tag{9.17}$$
のスケーリング関係式が導かれる．パラメータ c を与え，さまざまな系のサイズ L において「なだれ」のサイズ分布 $F(s,L)$ を測定し，スケーリング仮説が成立するように調節して指数 β と ν を得る．こうして得られた指数 β と ν からスケーリング関係式によって計算された指数 τ と w とは上で求めた値とよく一致する．したがって，スケーリング仮説の正当性を裏づけるものとなっている．

異方性のパラメータ c の変化につれて指数 τ は連続的に変動するが，指数 w は不連続に変わる．平均サイズ $\langle s \rangle$ が巨視的な量であることを反映していると思われる．

10 自己アフィン・フラクタル

 これまで考察してきたフラクタル図形は等方的な自己相似性を有しており，一つの指数，すなわち，フラクタル次元で特徴づけることができた．しかし，等方性の制限をはずした異方的なフラクタル図形を想定することが可能である．実際，次章以下で議論するように，自然界においても異方的なフラクタル図形が観察される．座標軸によって縮小率が異なる写像をアフィン変換と呼ぶことから，異方的な自己相似図形を自己アフィン・フラクタルという．

10.1 自己アフィン・フラクタル

 一般的に議論する．図 10.1 に示されているような図形があったとしよう．M 個の単位で構成される図形を特徴づける，方位によって異なる長さが二つ以上存在（$X, Y, \cdots$ とする）して，それぞれが

$$X \simeq M^{\nu_x}, \quad Y \simeq M^{\nu_y}, \cdots \qquad (10.1)$$

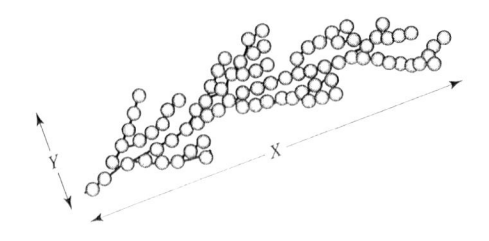

図 10.1　自己アフィン図形の特徴づけ

のように二つ以上の指数 $\nu_x, \nu_y, \cdots$ を用いて表される場合を考える. 自己相似なフラクタルでは $\nu_x = \nu_y = \cdots$ であり, かつ図形全体のフラクタル次元 d_B の逆数に等しい. これに対して方向によってスケールのされ方が異なるような場合, すなわち, 二つ以上の指数が必要な図形は自己アフィン・フラクタルと呼ばれる. 自己相似フラクタルは自己アフィン・フラクタルの特殊な場合である.

自己アフィン性を示す具体例としてブラウン曲線を取り上げる. 簡単なルールから複雑な曲線が形成される. ブラウン曲線は, ランダム・ウォークの軌跡から作図することができる. 7章では, 2次元平面内のランダム・ウォークについて議論したが, 平面の上にブラウン曲線を描くためには, 1次元で十分である. 原点から放出された粒子は, 確率 1/2 で右または左にランダムに進む. ステップ長を a とし, i ステップめの変位 (移動) を $x_i(=\pm a)$ と表そう. n ステップめに到達する位置 $X(n)$ は,

$$X(n) = \sum_{i=1}^{n} x_i \qquad (10.2)$$

と表される. 位置 $X(n)$ を縦軸に, ステップ数 n を横軸に取ると, 図 10.2 のようなグラフが得られる. これがブラウン曲線と呼ばれるものである. 厳密にはブラウン曲線はランダム・ウォークの歩幅を $a \to 0$ とした極限で得られるものであるが, 見た目には変わりがない. 連続でありながらいたるところ微分が定義されない奇妙な関数である.

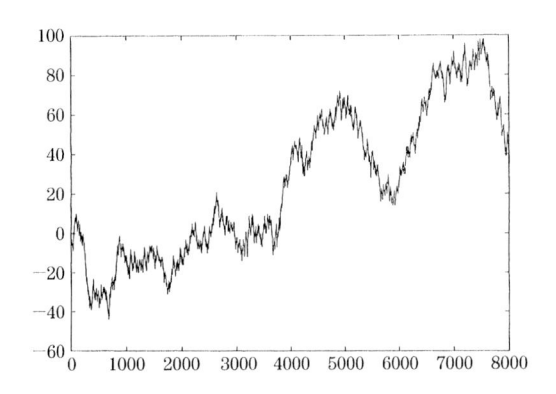

図 **10.2** ブラウン曲線

7章で考察したように,ステップ数 n における位置 $X(n)$ の平均値 $\langle X(n) \rangle$ と,分散 $\Delta(n) = \langle \{X(n) - \langle X(n) \rangle\}^2 \rangle$ が

$$\langle X(n) \rangle = 0, \qquad \Delta(n) = na^2 \tag{10.3}$$

と導かれる.分散 $\Delta(n)$ が n に比例することに注意しよう.

次に,$X(n)$ の確率分布を復習しよう.粒子が n 歩めに X に存在する確率 $P_n(X)$ は二項分布

$$P_n(X) = {}_nC_k \left(\frac{1}{2}\right)^n \qquad \left(k = \frac{X+n}{2}\right) \tag{10.4}$$

で与えられるが,ステップ数 n が十分大きいときには,中心極限定理(付録B参照)によって

$$P_n(X) = \frac{1}{\sqrt{2\pi na^2}} \exp\left(-\frac{X^2}{2na^2}\right) \tag{10.5}$$

の正規分布に従う.7章で展開したように $P_n(X)$ が従う方程式(1次元拡散方程式)を導き,解を求めてもよい.

自己アフィン性を理解するうえで,この正規分布がもつスケール不変性は重要である.つまり,(10.5)式において,$\tilde{n} = cn$,$\tilde{X} = c^{1/2}X$ とおき換える(変数のスケール変換をする)と,確率分布に対してスケール変換による関係

$$P_{\tilde{n}}(\tilde{X}) = c^{-1/2} P_n(X) \tag{10.6}$$

が得られる.因子 $c^{-1/2}$ によって,確率分布関数の規格化条件

$$\int_{-\infty}^{\infty} P_{\tilde{n}}(\tilde{X}) d\tilde{X} = 1 \tag{10.7}$$

が保証されている.(10.6)式は,$X(cn)$ と $c^{1/2}X(n)$ とが同じ確率法則に従うことを表している.つまり,ブラウン曲線の相似性とは,横軸を c 倍したとき,縦軸を $\sqrt{c}$ 倍したときの統計的な同一性である.図10.3には,図10.2から n を $c = 2$ 倍したものを示す.一見して,図形の同一性が保たれていることがわかる.このように,方向によってスケール変換のされ方が異なるような相似性を示す図形を,自己アフィン・フラクタルと呼んでいるのである.横軸に対す

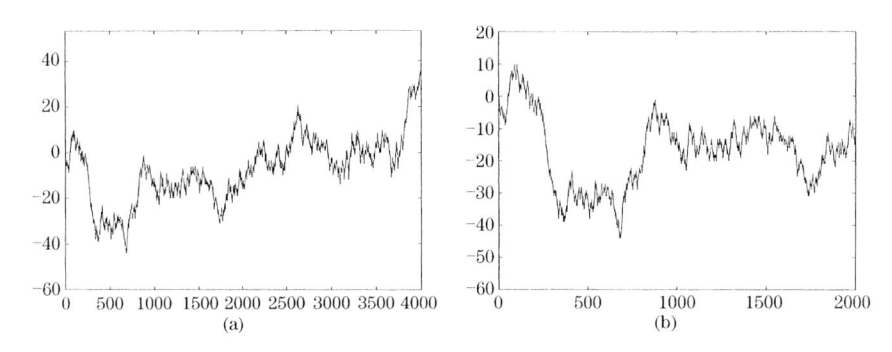

図 10.3 スケール変換されたブラウン曲線

図 10.2 におけるブラウン曲線の横軸を 2 倍，縦軸を $\sqrt{2}$ 倍した場合 (a) と，さらにそれを同様にスケールした場合 (b)．

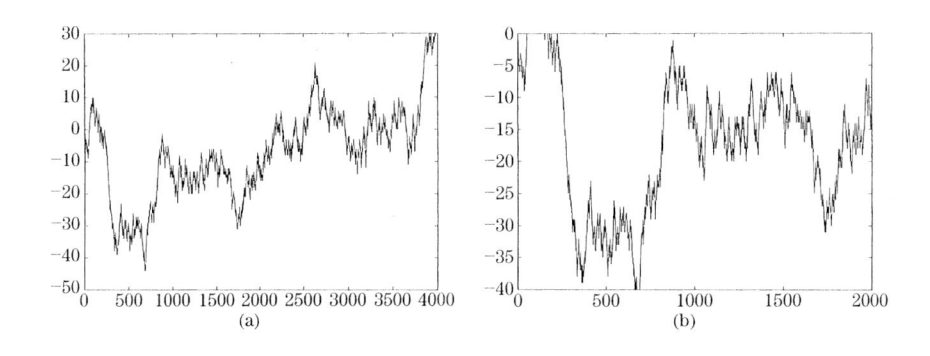

図 10.4 ブラウン曲線の等方的拡大図

図 10.2 のブラウン曲線の横軸，縦軸とも 2 倍した場合 (a) と，さらにそれを同様に等方的に拡大した場合 (b)．

る指数 1 は自明であるが，縦軸に対する指数 1/2 は非自明で，ハースト指数と命名されている．

このスケール不変性はこれまで議論してきたフラクタルとは違うものである．フラクタル図形が等方的なスケール不変性を特徴としていることを思い出そう．図 10.4 は，図 10.2 のブラウン曲線を左から右へ，図の原点（左端）を中心にして等方的に拡大したものである．拡大するにしたがって曲線の凹凸が激しくなり，明らかに相似とはいえない．ブラウン曲線はフラクタル図形ではないの

である.ただし,この図は,遠くから山並に近づくにつれて稜線が変化して見える様子といえないことはない.この類推は後で役立つ.

10.2 分数ブラウン曲線

ハースト指数は $1/2$ に限られることはなく,一般に $0 \leq H \leq 1$ の値を取りうる.ただし,等号には微妙な問題が残る.一般のハースト指数に対応させて,ブラウン曲線を拡張することを考える.一般化されたブラウン曲線を分数ブラウン曲線と呼び,$B_H(x)$ と表記する.$H = 1/2$ のときは普通のブラウン曲線になり,略して $B(x)$ と表す.

分数ブラウン曲線は,ある $B_H(x=0)$ を与えると,

$$B_H(x) - B_H(0) = \frac{1}{\Gamma(H+1/2)} \int_{-\infty}^{x} K(x-x') \mathrm{d}B(x') \qquad (10.8)$$

と定義される.ここで積分核 $K(x-x')$ は

$$K(x-x') = \begin{cases} (x-x')^{H-1/2} & (0 \leq x' \leq x) \\ (x-x')^{H-1/2} - (-x')^{H-1/2} & (x' < 0) \end{cases} \qquad (10.9)$$

で与えられる.なお $\Gamma(x)$ はガンマ関数 $\Gamma(x) = \int_0^\infty e^{-y} y^{x-1} \mathrm{d}y$ である.この定義によれば位置 x における確率変数 $B_H(x)$ の値は,平均0,分散1である通常のガウス過程 $B(x)$ の過去 $x' < x$ における全ての変位 $\mathrm{d}B(x')$ に依存する.

分数ブラウン曲線において,平均は $\langle B_H(x) - B_H(x_0) \rangle = 0$ であるが,分散 $\langle (B_H(x) - B_H(x_0))^2 \rangle$ は,

$$\langle (B_H(x) - B_H(x_0))^2 \rangle \simeq |x - x_0|^{2H} \qquad (10.10)$$

となる.このべき則を導こう.次の変数変換を行う.

$$x \to bx, \qquad x' \to bx'$$

$K(bx - bx') = b^{H-1/2} K(x-x')$,および $\mathrm{d}B(bx) = b^{1/2} \mathrm{d}B(x)$ の関係を (10.8) 式に用いると,

$$B_H(bx) - B_H(0) = b^H(B_H(x) - B_H(0)) \tag{10.11}$$

の関係が常に成立することがわかる．ここで，$x=1$, $bx=b=\Delta x$ とおくと，

$$B_H(\Delta x) - B_H(0) = (\Delta x)^H(B_H(1) - B_H(0)) \tag{10.12}$$

が得られる．両辺の分散を取ると，$\langle (B_H(1)-B_H(0))^2 \rangle$ は定数であるから，(10.10) 式が結論される．

次に，分数ブラウン曲線の相関関数を議論する．分数ブラウン曲線の不思議な性質が明らかになる．相関関数 $C(x)$ を $x=0$ を除いて

$$C(x) = \frac{\langle \{B_H(0)-B_H(-x)\}\{B_H(x)-B_H(0)\}\rangle}{\langle \{B_H(x)\}^2\rangle} \tag{10.13}$$

と定義する．すなわち，左に位置する $-x$ から中心 $x=0$ にかけて分数ブラウン曲線の値が増加したとき，中心に比べて右に位置する x における分数ブラウン曲線の値が増加する傾向があれば相関関数は正になる．相関関数の正負は，$-x$ から x にかけて分数ブラウン曲線の値が一貫して増加しつづけるか，否かを表す．分母は分散による規格化のためである．一般性を失わずに，便宜上 $B_H(0)=0$ とする．(10.10) 式を適用して，

$$\begin{aligned}C(x) &= \frac{-\langle B_H(-x)B_H(x)\rangle}{\langle \{B_H(x)\}^2\rangle} \\ &= \frac{\langle (B_H(x)-B_H(-x))^2\rangle - 2\langle \{B_H(x)\}^2\rangle}{2\langle \{B_H(x)\}^2\rangle} \\ &= \frac{|2x|^{2H} - 2|x|^{2H}}{2|x|^{2H}} = 2^{2H-1}-1\end{aligned} \tag{10.14}$$

が導かれる．$H=1/2$ のブラウン曲線のときは $C(x)=0$ となり，全ての $(x \neq 0)$ に対して相関がない．これは，ブラウン曲線の構成法をふりかえってみると，前後のランダム・ウォークがまったくデタラメに起こっているから当然の結果である．しかし，$H \neq 1/2$ の場合は非常に奇妙である．まず，結果が位置 x に依存しないことに注目しよう．通常の場合の相関関数は，5.4 節で説明したように，有限の相関距離 ξ を有し，指数関数的に

$$C(x) \simeq \exp\left(\frac{-|x|}{\xi}\right) \tag{10.15}$$

と減衰していくのが普通である．無限遠の左右は中央と無関係になるのが常識的である．ところが，(10.14) 式によると，相関関数は距離によらず一定の値である．無限の彼方まで同じ大きさの関係が持続するとは全く不思議ではないか．$H > 1/2$ の場合は $C(x) > 0$ となり，持続性，$H < 1/2$ の場合は反持続性を有するという．このような相関をもつ現象が実在するとは思えないが，自然は不思議である．身のまわりにあるありふれた現象の中に見つけることができる．詳しくは次の章で議論する．

10.3 ヴォスのアルゴリズム

定義 (10.8) 式に基づいて，分数ブラウン曲線を作図したり，解析したりするのは効率的でない．容易に高次元に拡張できる利点も合わせもつヴォスのアルゴリズムを紹介する．図 10.5 をもとに説明しよう．$0 \leq x \leq 1$ の関数として分数ブラウン曲線 $X(x)$ を描く．(10.10) 式より，任意の $0 \leq x_1 \leq x_2 \leq 1$ に対して

$$\langle \{X(x_1) - X(x_2)\}^2 \rangle = (x_2 - x_1)^{2H} \sigma_0^2 \tag{10.16}$$

を満たさなければならないことに注意する．$X(0) = 0$ とする．まず最初に δ_0 を平均 0，分散 $\sigma_0^2 = 1$（任意でよい）のガウス分布にしたがってランダムに選

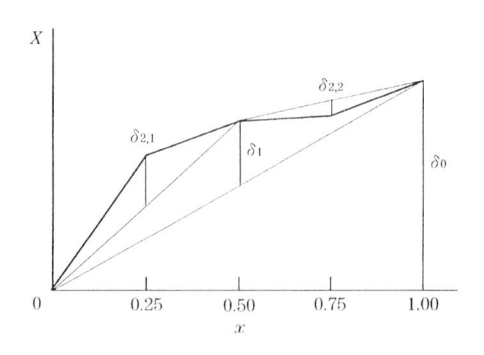

図 10.5　ヴォスのアルゴリズムによる作図法

び，$X(1) = \delta_0$ とする．次に $X(1/2)$ を決める．$X(1/2)$ は，原点 $(0, X(0))$ と点 $(1, X(1))$ を結んだ線分の中点に，平均 0，分散 σ_1^2 のガウス分布に従う確率変数 δ_1 を加える．

$$X\left(\frac{1}{2}\right) = \frac{1}{2}\{X(0) + X(1)\} + \delta_1 \tag{10.17}$$

確率変数 δ_1 の分散 σ_1^2 は次のように与えられる．$X(1/2) - X(0) = (1/2)\{X(1) - X(0)\} + \delta_1$ と変形して，$X(1) - X(0)$ と δ_1 が互いに独立であることに注意して

$$\left\langle \left\{X\left(\frac{1}{2}\right) - X(0)\right\}^2 \right\rangle = \frac{1}{4}\left\langle \{X(1) - X(0)\}^2 \right\rangle + \sigma_1^2 \tag{10.18}$$

が導かれる．したがって，(10.16) 式を満たすためには

$$\sigma_1^2 = \left(\frac{1}{2}\right)^{2H} \sigma_0^2 - \frac{1}{4}\sigma_0^2 = \left\{\left(\frac{1}{2}\right)^{2H} - \frac{1}{4}\right\}\sigma_0^2 \tag{10.19}$$

でなければならないことがわかる．同じようにして $X(1/4)$ と $X(3/4)$ を決める．

$$\begin{cases} X\left(\dfrac{1}{4}\right) = \dfrac{1}{2}\left\{(X(0) + X\left(\dfrac{1}{2}\right)\right\} + \delta_{2,1} \\ X\left(\dfrac{3}{4}\right) = \dfrac{1}{2}\left\{X\left(\dfrac{1}{2}\right) + X(1)\right\} + \delta_{2,2} \end{cases} \tag{10.20}$$

ここで，$\delta_{2,1}$ と $\delta_{2,2}$ は，平均 0，分散 σ_2^2 のガウス型の確率分布に従う確率変数で，分散 σ_2^2 は

$$\left\langle \left\{X\left(\frac{1}{4}\right) - X(0)\right\}^2 \right\rangle = \frac{1}{4}\left\langle \left\{X\left(\frac{1}{2}\right) - X(0)\right\}^2 \right\rangle + \sigma_2^2 = \left(\frac{1}{4}\right)^{2H} \sigma_0^2 \tag{10.21}$$

の関係を満たすように決められ，その結果は

$$\sigma_2^2 = \left(\frac{1}{4}\right)^{2H} \sigma_0^2 - \frac{1}{4}\left(\frac{1}{2}\right)^{2H}\sigma_0^2 = \left\{\left(\frac{1}{4}\right)^{2H} - \frac{1}{4}\left(\frac{1}{2}\right)^{2H}\right\}\sigma_0^2 \tag{10.22}$$

となる．同様に 8 分点 $X(1/8)$，$X(3/8)$，$X(5/8)$，$X(7/8)$ を決める．例えば，

$$X\left(\frac{1}{8}\right) = \frac{1}{2}\left\{X(0) + X\left(\frac{1}{4}\right)\right\} + \delta_{3,1} \tag{10.23}$$

における確率変数 $\delta_{3,1}$ の分散 σ_3^2 は

$$\left\langle \left\{X\left(\frac{1}{8}\right) - X(0)\right\}^2 \right\rangle = \frac{1}{4}\left\langle \left\{X\left(\frac{1}{4}\right) - X(0)\right\}^2 \right\rangle + \sigma_3^2 = \left(\frac{1}{8}\right)^{2H} \sigma_0^2 \tag{10.24}$$

を満足するように

$$\sigma_3^2 = \left(\frac{1}{8}\right)^{2H}\sigma_0^2 - \frac{1}{4}\left(\frac{1}{4}\right)^{2H}\sigma_0^2 = \left\{\left(\frac{1}{8}\right)^{2H} - \frac{1}{4}\left(\frac{1}{4}\right)^{2H}\right\}\sigma_0^2 \tag{10.25}$$

と与えられる．この操作を n 回繰り返すと，$1+2^n$ 個の点を結んだ分数ブラウン曲線が作成される．このときの確率変数 $\delta_{n,1}$ などは，平均 0 で，分散 σ_n^2 が

$$\sigma_n^2 = \left\{\left(\frac{1}{2^n}\right)^{2H} - \frac{1}{4}\left(\frac{1}{2^{n-1}}\right)^{2H}\right\}\sigma_0^2 = \left(\frac{1}{2}\right)^{2Hn}\left\{1 - 2^{2(H-1)}\right\}\sigma_0^2 \tag{10.26}$$

となるガウス型確率分布に従ってランダムに選ばれる．

図 10.6 には，上に述べたヴォスのアルゴリズムに従って描いた分数ブラウン曲線が示されている．2 点 $(0, X(0))$, $(1, X(1))$ の間を $1/2^{11} = 1/2048$ の分解能で計算したものである．上から $H = 0.3$, $H = 0.5$, $H = 0.7$ の場合であるが，ハースト指数が小さいほど細かいぎざぎざがあるが，反対にハースト指数が大きいほど全体の「うねり」の振幅が大きくなるのが見て取れるだろうか．

ヴォスのアルゴリズムを検証するために，得られた分数ブラウン曲線から分散 $\langle\{X(x) - X(x_0)\}^2\rangle$ を計算する．(10.10) 式が成立すれば，$|x - x_0|^{2H}$ に比例するはずである．ここで，平均 $\langle\ \rangle$ は，H の値を固定して分数ブラウン曲線を何本（実際は 1000 本）も描き，その算術平均として計算した．その結果を図 10.7 に示したが，アルゴリズムから当然とはいえ一致は非常によい．次に，相関関数を (10.13) 式，

$$C(x) = \frac{\langle\{B_H(0) - B_H(-x)\}\{B_H(x) - B_H(0)\}\rangle}{\langle\{B_H(x)\}^2\rangle} \tag{10.27}$$

に基づいて計算し，妥当性を検証する．今度は，定義どおりでないから図 10.8

図 10.6 ヴォスのアルゴリズムによる分数ブラウン曲線（上から $H = 0.3$, $H = 0.5$, $H = 0.7$ の場合）

図 10.7 分数ブラウン曲線の分散 $\langle (X(x) - X(x_0))^2 \rangle$ と間隔 $x - x_0$ の両対数グラフ（上から $H = 0.3$, $H = 0.5$, $H = 0.7$ の場合）

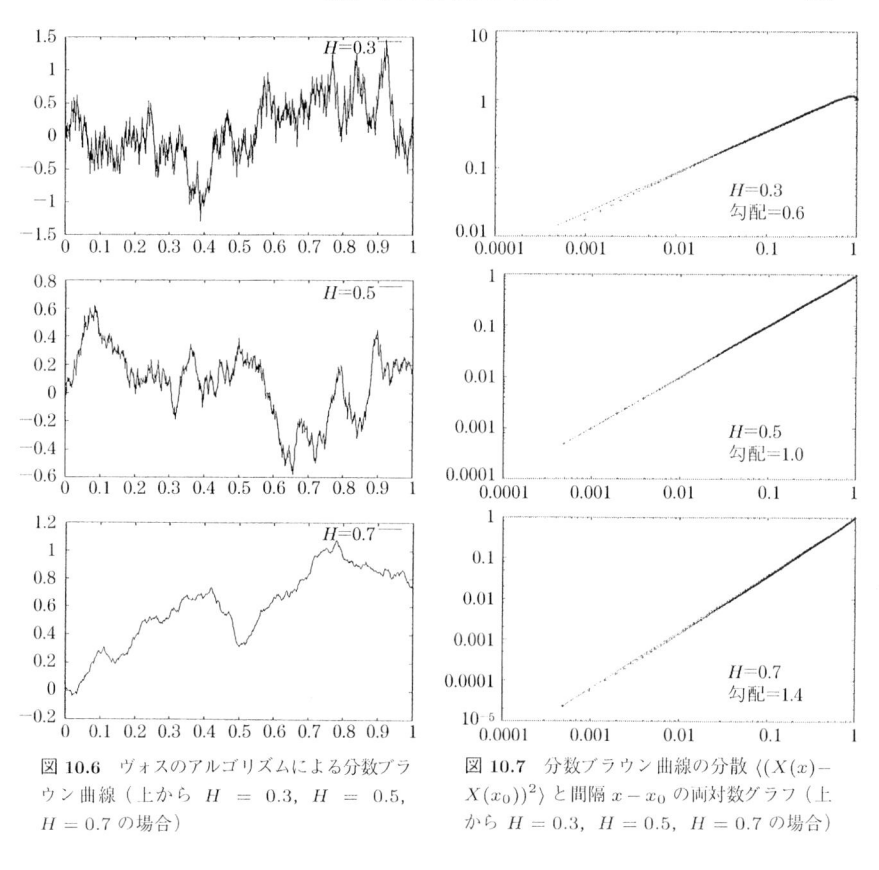

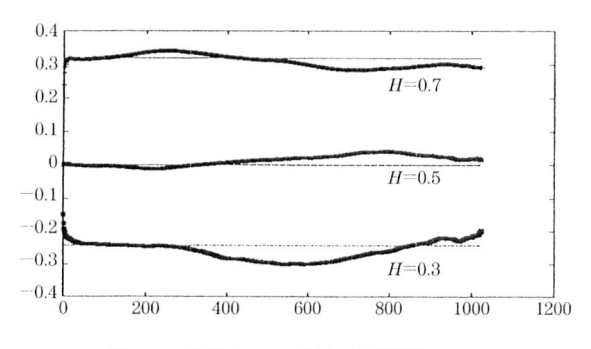

図 10.8 分数ブラウン曲線の相関関数 $C(x)$（上から $H = 0.7$, $H = 0.5$, $H = 0.3$ の場合）

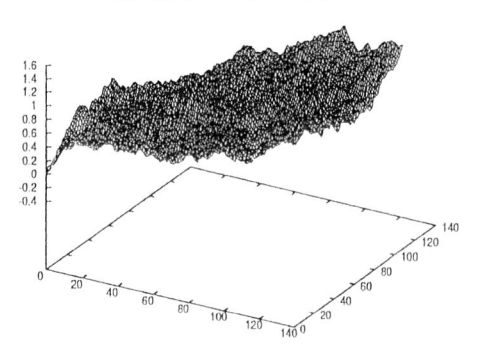

図 10.9　分数ブラウン曲面 ($H = 0.7$)

に示されているように，いくらかの誤差が避けられないが，おおよそ理論値（図中の点線）に近い値が得られた．平均は前と同様に 1000 サンプルの算術平均である．

　分数ブラウン曲線を 2 次元に拡張して，平面の基盤の上に分数ブラウン曲面を描くことも可能である．しかし，完全に等方的なブラウン曲面は正方形の基盤の上には作図できないので，等方性をできるだけ満たすためにはいささかの注意が必要である．得られた分数ブラウン曲面の例を図 10.9 に示した．

11 成長する荒れた界面 I

　墨汁を習字紙の上にこぼすと，黒いシミがじわじわ広がっていく．あるいは，燃えにくい紙が炎を出さずにちりちりと褐色に変色していく．このような一見何の変哲もない現象が，前章で説明した自己アフィン・フラクタルの典型として盛んに研究された．臨界現象の研究で誕生したスケーリングの概念のおかげで，多彩な現象が普遍的な数理に貫かれていることが理解される．この章では，自己アフィン・フラクタルの応用例として，表題の「成長する荒れた界面」を議論する．この対象に対しても，理論・実験・計算機シミュレーションが三者一体となって研究が進められた．

11.1 成長する荒れた界面

　ここで，界面とは広い意味で二つの異なる相の境界面，あるいは上の例のような場合では，境界線を指す．「二つの相」とは，水と油のように物質が異なっていてもよいし，同じ物質の気相と液相のように相が異なっていてもよい．一方の相だけに注目して，表面ということもある．

　では「荒れた」界面の「成長」とは何か，具体的な例をあげて説明しよう．図 11.1 は，障子紙の下端を黒インクに浸して濡らしたときにできる形である．黒インクのぎざぎざの（つまり「荒れた」）境界線が，少しずつ形を変えながらだんだんと上昇（つまり「成長」）していく．これは，1次元的な「成長する荒れた界面」である．

　2次元の例としては，平面の上に物質が付加されていく過程がある．基盤上に気体から固体を蒸着させていく過程がこれに属する．はじめ平らな基盤の上

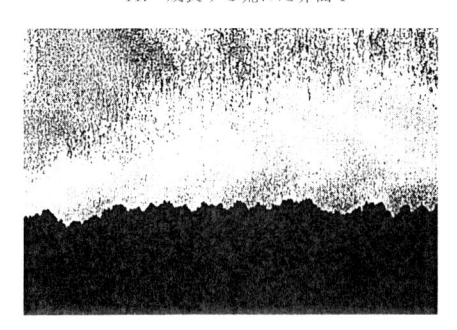

図 11.1 インクでぬらした紙にできるシミ

に原子が蒸着するにつれて，でこぼこの「表面」がだんだん「成長」していく．工業的には平らな表面を作るのが目的のはずであるが，人工的な制御を怠ると凸凹した失敗作となってしまう．

またこれと反対に，平らな表面から物質を取り去っていくときにも乱れた界面が形成される．化学分解，溶解，腐食，磨耗などの用語で表される現象があげられる．図 11.2 は，箱庭を連想させるが，研究室内でつくられた山岳尾根のミニチュアである．珪砂と土の混合物を平らに盛った上からじょうろで水を注いでつくられた．水の勢いで小さな粒子が地滑りのように流れ落ちて大小の谷が彫り込まれる．

まず，凸凹した界面をどのように数量的に評価すればよいかを考えよう．例えば，机の面がざらざらしているといっても，われわれが感じる粗さは測定する精度に依存する相対的なものである．遠くから見れば平らであるし，目を近づければ小さな凸凹に気がつく．観測する精度に依存しては，「粗さ」を定義したことにならない．できるだけ簡潔に「粗さ」を定義することが望まれるが，その要請にこたえるのが自己アフィン性である．

具体的に議論しよう．一辺の長さ L の d 次元の基盤を考える．基盤上の位置 r での界面の高さが時刻 t で $h(r,t)$ であったとする．界面が刻々変化する動的性質を考察するため時間依存性も考慮する．界面の高さの平均を $\langle h(r,t) \rangle$ と記す．この平均は場合によってサンプル（標本）平均であったり，空間平均

$$\langle h(r,t) \rangle = \frac{1}{L^d} \int_{r' \in [0,L]^d} h(r+r',t) \mathrm{d}r' \tag{11.1}$$

図 11.2 山岳地帯の尾根の模型
平らな面から水を注いで，10 分後 (a) と，20 分後 (b) に形成されたパターン．

を取ったりする．いずれも空間が一様であれば $\langle h(r,t) \rangle$ は位置 r にはよらず時間 t だけの関数となる．成長速度が一定であれば時間 t に比例する．

定量的に議論するためには，界面の「粗さ」を界面の高さの平均自乗偏差

$$w(L,t) = \sqrt{\langle \{h(r,t) - \langle h(r,t) \rangle\}^2 \rangle} \tag{11.2}$$

で評価するのが合理的であろう．標準偏差 $w(L,t)$ は時間 t のみならず，基盤の一辺の長さ L にも依存する．ただし，L は基盤の一辺の実際の長さである必要はないことに注意しよう．界面の「粗さ」を見積もるサイズを表す量を表しているのに過ぎないので，より長い一辺をもつ基盤上で界面の高さを測定して，一辺 L で基盤を区切ってそれぞれに対して $w(L,t)$ を求めても構わない．

11.2 動的スケーリング則

「成長する荒れた界面」の問題が多くの研究者に興味をもたれたのは，界面の「粗さ」を特徴づける $w(L,t)$ が以下に示すような動的スケーリング則を満たすためである．しかも，このスケーリング則に現れる指数が多彩な現象に関して不変に保たれる普遍性を示すのである．特性指数と普遍性のもつ重要性については本書でも何度か指摘した．

次節以下で説明されるようないくつかのシミュレーションや実験において，$w(L,t)$ に共通した振る舞いが観測された．図 11.3 に模式的に示したように，$w(L,t)$ は比較的短い時間の範囲内では時間のべき乗に比例して増大し，系のサイズ L に依存した定常値に飽和するのである．ただし，$w(L,t)$ は一定になるが $\langle h(\bm{r},t) \rangle$ は依然として増加しつづけるので平衡状態ではない．この結果は

$$w(L,t) \simeq t^\beta \qquad (t \ll t_c) \tag{11.3}$$

$$w(L,t) \simeq L^\alpha \qquad (t \gg t_c) \tag{11.4}$$

とべき則の形にまとめられる．t_c は，界面の成長の特性を区別する特徴的な時間であり，動的指数 z を用いて

$$t_c \simeq L^z \tag{11.5}$$

のように系の大きさに依存すると考えられる．(11.3) 式に現れた指数 β は界面

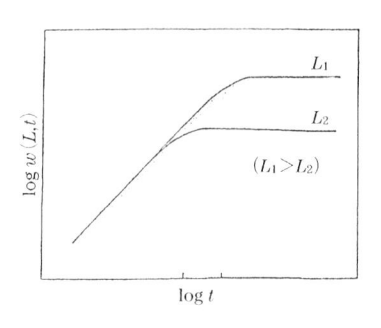

図 11.3　界面の乱れ $w(L,t)$ の両対数プロット

成長の特性を指定する量であり，成長指数と呼ばれる．一方，(11.4) 式は十分成長して定常状態に至った界面が，前章で議論した自己アフィン・フラクタルに他ならないことを示している．基盤に平行な方向は自明な次元 d であるが，明らかに性質が異なっている成長方向はハースト指数 α で特徴づけられるのである．したがって，$0 \leq \alpha \leq 1$ である．「成長する荒れた界面」の問題に対しては，α は粗さ指数と呼ばれ，α 値が大きいほど，界面は荒れているとみなされる．前節で提起された「粗さ」を規定する量はこの粗さ指数に他ならない．(11.4) 式が成立していれば，唯一のパラメータ α によって「粗さ」を特定できるのである．

図 11.3 から示唆されるように，(11.3)，(11.4) 式はスケーリング関数 $\Psi(x)$ を用いて

$$w(L,t) = L^\alpha \Psi\left(\frac{t}{L^z}\right) \tag{11.6}$$

とまとめられることが知られている．界面の動的振る舞いを表しているため，(11.6) 式は動的スケーリング則と呼ばれる．同時に (11.6) 式は，図 11.1 や図 11.2 において時間の異なる二つのパターンに自己アフィン的な相似変換をほどこすと統計的に一致することを意味している．さて，(11.6) 式は $x \ll 1$ で (11.3) 式を，$x \gg 1$ で (11.4) 式を再現しなければならないから，スケーリング関数 $\Psi(x)$ は $x = 1$ を境とした両極限で

$$\Psi(x) \simeq x^\beta \qquad (x \ll 1) \tag{11.7}$$

$$\Psi(x) \simeq \text{一定} \qquad (x \gg 1) \tag{11.8}$$

であり，かつ

$$z = \frac{\alpha}{\beta} \tag{11.9}$$

でなければならない．

11.3 計算機シミュレーション・モデル

「成長する荒れた界面」を模するために，計算機シミュレーションを手段とする数多くのモデルが提案された．ここでは，そのうち基本的な三つのモデルを

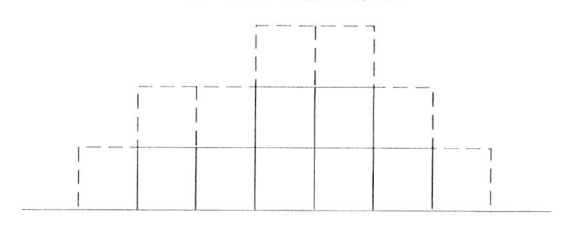

図 11.4 イーデン・モデルの成長規則
破線に囲まれたセルのうち一つがランダムに選ばれ，成長する．

取り上げる．いくつかの変種も提案されているが本質的な点は変わらない．基盤は一辺 L の d 次元格子で，格子間隔が 1 である格子状に分割されているものとする．基盤に垂直方向にも単位長さをとり，$d+1$ 次元の一辺 1 の超立方体をセルと呼び，L^d 個のセルが成長すると単位時間が経過したものとみなす．

a. イーデン・モデル

おそらく最も単純な成長機構を有するモデルは，癌組織の成長を模するためにイーデンによって導入されたモデルであろう．イーデン・モデルの成長規則は図 11.4 に説明されているように，すでに成長している凝集体の周囲にある隣接セルのうちの一つのセルを，等確率でランダムに選択し凝集体に組み込む．何度もこの手続きを反復した後に大きな凝集体が形成される．ときには小さな穴が空くこともあるが，内部がぎっしり詰まった図 11.5 のようなパターンである．すなわち，そのフラクタル次元は空間次元と同じく $d+1$ である．しかし，その界面はランダム性を反映して凸凹になる．

b. 弾道軌道凝集モデル

付加される粒子は上空のランダムに選ばれた任意の位置からまっすぐに降り注ぎ，すでに存在する粒子に接触するとそこに張りついて凝集体の一部になる．図 11.6 に示されているように，新しい粒子は既存粒子の真上に付着するとは限らず，隣の列の横に付着することもありうる．このことが事情を複雑にする．できあがるパターンの例が図 11.7 に示されているが，ところどころに空隙があるけれども図形の次元はパターンの埋め込まれた空間の次元 $d+1$ に等しい．

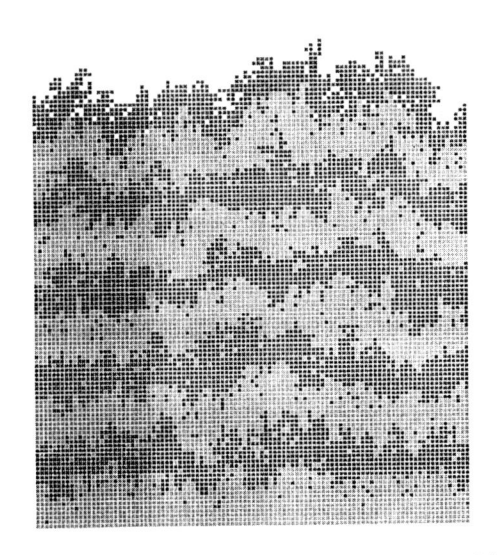

図 11.5　イーデン・モデルによって下辺から成長した凝集体

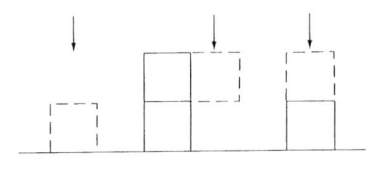

図 11.6　弾道軌道凝集モデルの成長規則

図 11.7　弾道軌道凝集モデルによって下辺から成長した凝集体

細かく調べると，いわゆるオーバーハングがあって界面の高さ $h(r,t)$ が一価関数として定義できない場合も生ずる．便宜的には基盤の位置 r における最高点を界面の高さと定義して，数値的な処理をする場合が多い．しかし，この方法が正当化されるためには，界面の定義の仕方による誤差を凌駕するほど系のサイズ L および高さのゆらぎ $w(L,t)$ が十分大きいことが必要である．

c. RSOS モデル

オーバーハングが存在すると，精度よい結論を得るために十分大きい系を必要とする．したがって，比較的小さいサイズの系でも精度よい結果を得るためにはオーバーハングを禁制するモデルが望ましい．restricted（制限された）solid-on-solid モデルの略称である RSOS モデルは，ランダムにセルを選んで高さを 1 ずつ加えるが，もし隣接セルとの高さの差が 1 を超えるならば積み上げることを控える．こうしてできる界面はなだらかであるように想像されるが，これでも十分「荒れた」界面を生ずる．

以上，3 種のシミュレーションモデルを紹介したが，いずれのモデルに対しても，$d=1$ の場合は，$\alpha = 0.50$, $\beta = 0.33$ であると報告されている．$d=4$ 次元までの計算機シミュレーションが実行されており，その結果から

$$\alpha = \frac{2}{d+3}, \qquad \beta = \frac{1}{d+2} \tag{11.10}$$

と予想されているが，理論的な正当化はなされていない．2 章で紹介したシアピンスキー・カーペットとその変形版を $1 < d < 2$ 次元をもつ基盤とし，RSOS モデルのシミュレーションを行った結果はこの予想におおよそ一致している．

11.4 実験的研究

計算機シミュレーションや理論を意識したさまざまな実験も行われている．実験結果を解析するためにも，確定した理論結果と比較するためにも，1 次元的な界面（境界線）がより好ましい．

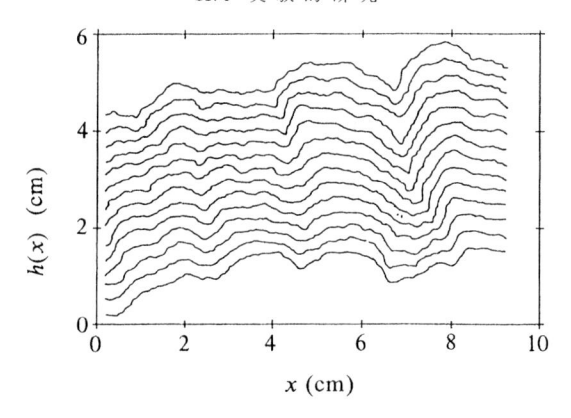

図 11.8 2次元ランダム媒質中気液界面の時間発展

a. ランダム媒質中の気液界面

長方形をした 2 枚のガラス板に挟まれた狭いすき間に，小さいガラス玉を一様かつランダムに挟み込んで 2 次元的な疑似多孔質媒質をつくる．荒れた界面の生成にはランダムなノイズが欠かせないからである．観測しやすいように着色した液体を短い方の端から注入する．等速度かつ一様に液体が浸入するように注意する．液体の先端の運動をビデオカメラで撮影し，画像処理を行って得られた界面の時間発展の様子が図 11.8 に示されている．解析結果として，$\alpha = 0.73$ とする報告と，$\alpha = 0.81$, $\beta = 0.65$ とする報告がある．

b. 真空蒸着による金属薄膜成長

金属を平らな基盤上に真空蒸着しても条件によって凸凹した表面ができる．報告によると，80K の低温に保った真空内で，磨いた水晶基盤に $85°$ の方向から A_g 原子を付着すると，α 値が 0.5 ± 0.1 の自己アフィン界面が成長する．この場合は $d = 2$ であることに注意．

c. バクテリア・コロニー

バクテリア・コロニーの成長過程でも自己アフィン界面が観測されている．栄養が比較的豊かな状態にしておくとコロニーはイーデン・モデル的に成長すると思われる．シミュレーションと同様に線状に植えつけられた種から成長した

図 11.9 線分の上に接種したバクテリア・コロニーが示す成長パターン

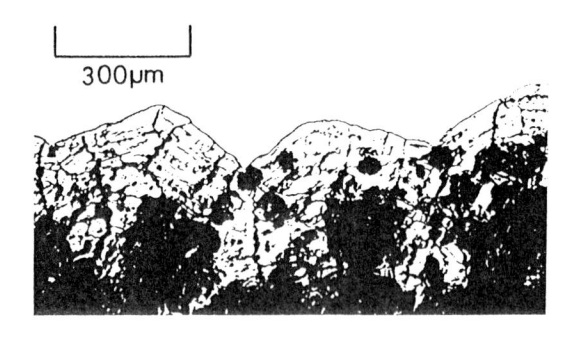

図 11.10 NH$_4$Cl 多結晶の成長表面

2次元的なパターンが図 11.9 に示されている．測定された α 値は予想された 0.5 ではなく，0.78 ± 0.07 である．

d. 結晶成長

温度制御された平らなサファイアガラスの上の2次元的な系で，NH$_4$Cl の結晶成長の実験が行われた．サファイアガラスの中心部にある非過飽和の NH$_4$Cl 水溶液の入ったセルから漏れた水溶液が冷やされて過飽和状態となり結晶化する．図 11.10 に示されているように，結晶は多くの粒界からなる多結晶である．$0.79 < \alpha < 0.91$ が報告されている．

e. 山脈の稜線

11.1 節で例にあげた実験室内の山並も，そのプロフィールを画像処理して自己アフィン界面であると主張され，$\alpha = 0.78 \pm 0.05$ と報告されている．ただし，2次元的な表面のプロフィールを取って得られた1次元的な曲線と本来の

自己アフィン界面との関係は不明である．その他，福島県八溝山系の地図を読み取って $\alpha = 0.55$ とする報告もある．

実験による特性指数の解析は大きな誤差を含み確定的な結論を導くことは困難であるが，強調すべきことは計算機シミュレーション向けのモデルにおける粗さ指数に比べて大きい粗さ指数を示していることである．特に $d = 1$ では明らかに $\alpha > 0.5$ であり，前章で紹介した無限遠の左右に持続性の相関が存在するという不思議な現象が発現しているのである．

11.5 KPZ 方程式

計算機シミュレーションによる数値的研究が先行していたときに，理論的研究にブレークスルーをもたらしたのは，カーダー（Kardar），パリジ（Parisi），チャン（Zhang）によって提案された連続体モデルである．これに対してシミュレーションモデルは離散的格子モデルと位置づけられる．彼らの提案は，界面の運動をランジュバン型の確率偏微分方程式で表すもので，著者たちの頭文字をとって KPZ 方程式と呼ぶならわしになっている．カーダーらは，離散的格子モデルを直接連続化するのではなく，巨視的な対称性に着目して方程式を構成した．KPZ 方程式は

$$\frac{\partial h(\boldsymbol{r},t)}{\partial t} = \nu \nabla^2 h(\boldsymbol{r},t) + \frac{\lambda}{2}(\nabla h(\boldsymbol{r},t))^2 + \eta(\boldsymbol{r},t) \qquad (11.11)$$

と与えられる．ここでナブラ ∇ は d 次元ベクトルで，$\boldsymbol{r} = (x_1, x_2, \cdots, x_d)$ に対して

$$\nabla = \left(\frac{\partial}{\partial x_1}, \frac{\partial}{\partial x_2}, \cdots, \frac{\partial}{\partial x_d}\right) \qquad (11.12)$$

であり，ラプラシアン $\nabla^2 (= \Delta)$ は

$$\nabla^2 = \frac{\partial^2}{\partial x_1^2} + \frac{\partial^2}{\partial x_2^2} + \cdots + \frac{\partial^2}{\partial x_d^2} \qquad (11.13)$$

である．

KPZ 方程式 (11.11) 式の右辺の第 1 項は界面の表面張力によって界面が滑らかになろうとする効果を表し，ν は正の定数である．一般に界面を形成する

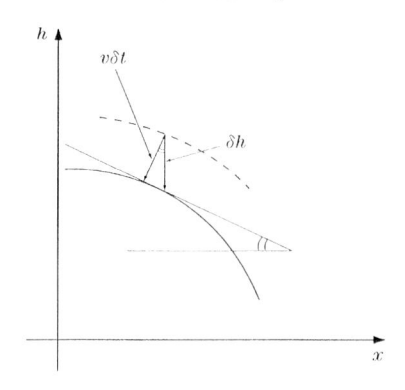

図 11.11 界面に対して垂直に成長する場合の高さ $h(\bm{r},t)$ への寄与

ためには過剰な自由エネルギーが必要で，界面の面積（$d=1$ の場合は境界線の長さ）をできるだけ小さく（短く）しようとする．境界の曲率が局所的に正（$\nabla^2 h(\bm{r},t) < 0$）の部分は相対的に成長が遅く，負の部分は速く，結果的にその部分はより平らになる．第2項は非線形の効果を表している．界面に垂直方向の成長速度 v が一定であれば，図 11.11 で説明されているように基盤に垂直な成分は $\delta h/\delta t \simeq v\sqrt{1+(\nabla h)^2}$ である．勾配 $|\nabla h|$ を小さいとして展開すると有効な最低次として第2項が現れる．

最後の第3項は現象の中に存在するものと予想されるランダムなノイズを記述する．確率変数である $\eta(\bm{r},t)$ に対しては，最も数学的性質が明らかなガウス型白色ノイズを仮定する．詳細は付録 B を参照されたい．すなわち，確率変数 $\eta(\bm{r},t)$ の大きさはガウス（正規）分布に従うが，異なる位置と時間の確率変数は互いに相関がなく独立であると設定する．必要な平均と相関は次のように表される．

$$\langle \eta(\bm{r},t) \rangle = 0 \tag{11.14}$$

$$\langle \eta(\bm{r},t)\eta(\bm{r}',t') \rangle = 2D\delta^d(\bm{r}-\bm{r}')\delta(t-t') \tag{11.15}$$

ここで $\langle\ \rangle$ は確率変数 $\eta(\bm{r},t)$ に関する平均値を表しており，また，$\delta^d(\bm{r}) = \delta(x_1)\delta(x_2)\cdots\delta(x_d)$ を意味している（付録 C 参照）．界面を一様に成長させる駆動力 f や一定の成長速度 v は，$h(\bm{r},t)+(f+v)t$ を新たに $h(\bm{r},t)$ とおき換えれば右辺には必要ないし，$w(L,t)$ にも影響を与えない．

11.5 KPZ 方程式

ずいぶん大胆な仮定のもとに方程式が構成されているようであるが，対象とする系の対称性に関する議論から KPZ 方程式をより一般的に導くこともできる．系は次の変換に対して不変でなければならない．

1) 時間の原点をどこに設定するかによって，理論が変わってはならない．すなわち，$t \to t + k_t$（k_t は定数）の変換によって方程式は不変でなければならないので，方程式の右辺にあからさまに t に依存する項を含んではならない．$\partial h/\partial t$ は時間の平行移動に関して不変である．

2) 界面の高さをどこから測ろうとも界面の運動は変わらないはずである．したがって，$h \to h + k_h$（k_h は定数）の変換によって不変に保たれるためには，含まれる項は h 単独の形ではなく，必ず微分形として現れる．

3) 基本的に非常に大きい基盤を議論に対象とするので，位置 r を $r \to r + k_r$（k_r は定ベクトル）のように変換しても方程式は不変でなければならない．したがって，右辺に r を変数とする項を含んではならない．∇h などはこの変換に関して不変に保たれる．

4) 基盤に垂直な軸のまわりに回転させても方程式は不変でなければならないので，回転によって符号が変化する ∇h, $\nabla(\nabla^2 h)$ などの項は現れない．

以上の考察によって，界面自体の厚さを無視すると慣性の効果（時間に関して 2 階微分の項）がないので界面の運動方程式は

$$\frac{\partial h(r,t)}{\partial t} = (\nabla^2 h) + \{\nabla^2(\nabla^2 h)\} + \cdots + (\nabla h)^2 + (\nabla^2 h)(\nabla h)^2 + \cdots + \eta(r,t) \tag{11.16}$$

という形になることがわかる．KPZ 方程式はこのうち微分が 2 回で済む項だけを考慮したことになる．臨界現象の研究から高階の微分は重要でないことが知られているのでこの選択は妥当と思われる．

11.6 理論的研究の現状

巨視的な界面の運動の本質を失わずに,最も簡潔に記述する KPZ 方程式はその構成法からも十分合理的なものと思われ,KPZ 方程式が提案されるや否や,直接 KPZ 方程式を数値的に解く数値解析やくりこみ群の方法などが適用され数多くの論文が公表された.しかし,KPZ 方程式にまつわる研究状況は数奇な変遷をたどることになる.特に,くりこみ群の方法に基づくカーダーら自身が行った計算に誤りが含まれていたことが状況を複雑にした.現在では KPZ 方程式に関して,

1) $d=1$ では,厳密な方法によって $\alpha=1/2$, $\beta=1/3$ と結論され,離散的格子モデルと同じ普遍性クラスに属する.
2) しかし,$d \geq 2$ では,$w(L,t)$ が発散して KPZ 方程式自体の物理的・数学的意味を失う.発散を抑えるような正当化は可能であるが,その場合は $\alpha=\beta=0$ である「滑らかな」界面が解となる.

だけが確立した結論とされる.さらに,持続性 ($\alpha>1/2$) を示す実験の結果を説明することができないことを指摘しなければならない.実験で観測される荒れた界面と同じ普遍性クラスに属する理論的モデルを構築する必要がある.理論的問題に関する詳しい議論は次節で展開する.

12 成長する荒れた界面 II

本章では，11 章で概観した「成長する荒れた界面」問題に関する理論的研究の内容をやや詳しく説明する．

12.1 EW 方 程 式

KPZ 方程式の根本的な困難は非線形の項 $(\nabla h)^2$ に起因すると思われていた．実際，KPZ 方程式から非線形項を除去した，エドワーズ–ウィルキンソン（Edwards–Wilkinson: EW）方程式と呼ばれる方程式は，解決済みと信じられていた．しかし，困難の根幹はすでに線形である EW 方程式に存在していたのである．

EW 方程式は
$$\frac{\partial h(\boldsymbol{r},t)}{\partial t} = \nu \nabla^2 h(\boldsymbol{r},t) + \eta(\boldsymbol{r},t) \tag{12.1}$$
と与えられる．ランダムなノイズを記述する確率変数 $\eta(\boldsymbol{r},t)$ は，KPZ 方程式の場合と同様にガウス型白色ノイズであると仮定する．したがって，

$$\langle \eta(\boldsymbol{r},t) \rangle = 0 \tag{12.2}$$

$$\langle \eta(\boldsymbol{r},t)\eta(\boldsymbol{r}',t') \rangle = 2D\delta^d(\boldsymbol{r}-\boldsymbol{r}')\delta(t-t') \tag{12.3}$$

である（付録 C 参照）．

この EW 方程式を初期条件 $h(\boldsymbol{r},t=0)=0$，境界条件 $h(\boldsymbol{r}+L\boldsymbol{e}_l,t)=h(\boldsymbol{r},t)$ の下で解けばよい．ここで，$\boldsymbol{e}_l$ は l 番目の軸に平行な単位ベクトルである．周期的境界条件下の線形問題なので，EW 方程式 (12.1) の解析解を求めるために

はフーリエ解析が有効である．$h(\bm{r},t)$ は

$$h(\bm{r},t) = \sum_{\{\bm{n}\}} e^{i\bm{k}_n \cdot \bm{r}} \hat{h}(\bm{k}_n,t) \tag{12.4}$$

と，離散的な波数ベクトル $\bm{k}_n = (k_{n_1},k_{n_2},\cdots,k_{n_d})$ ($k_{n_l} = 2\pi n_l/L$, n_l ; 整数 ($l=1,2,\cdots,d$))を用いて空間方向のフーリエ成分に分解される．また，$\sum_{\{\bm{n}\}}$ は $\sum_{n_1}\sum_{n_2}\cdots\sum_{n_d}$ の意味である．(12.4) 式の表現によって，$h(\bm{r},t)$ は周期的境界条件を自動的に満たす．なお，逆フーリエ変換は

$$\hat{h}(\bm{k}_n,t) = \frac{1}{L^d}\int_{\bm{r}\in[0,L]^d} e^{-i\bm{k}_n\cdot\bm{r}}h(\bm{r},t)\mathrm{d}\bm{r} \tag{12.5}$$

である．

(12.4) 式を (12.1) 式に代入すると

$$\frac{\mathrm{d}\hat{h}(\bm{k}_n,t)}{\mathrm{d}t} = -\nu \bm{k}_n^2 \hat{h}(\bm{k}_n,t) + \hat{\eta}(\bm{k}_n,t) \tag{12.6}$$

を得る．$\hat{\eta}(\bm{k}_n,t)$ は，$\eta(\bm{r},t)$ のフーリエ成分で，(12.2) 式および (12.3) 式は

$$\langle \hat{\eta}(\bm{k}_n,t)\rangle = 0 \tag{12.7}$$

$$\langle \hat{\eta}(\bm{k}_n,t)\hat{\eta}(\bm{k}_{n'},t')\rangle$$
$$= \frac{2D}{L^d}\delta(n_1,n_1')\delta(n_2,n_2')\cdots\delta(n_d,n_d')\delta(t-t') \tag{12.8}$$

となる．ここで，$\delta(n,m)$ は

$$\delta(n,m) = \begin{cases} 1 & (n+m=0) \\ 0 & (n+m\neq 0) \end{cases} \tag{12.9}$$

を意味している．初期条件 $\hat{h}(\bm{k}_n,0)=0$ を考慮して，非同次 1 階微分方程式である (12.6) 式の解

$$\hat{h}(\bm{k}_n,t) = \int_0^t \hat{\eta}(\bm{k}_n,t')e^{-\nu \bm{k}_n^2(t-t')}\mathrm{d}t' \tag{12.10}$$

が導かれる．(12.10) 式を (12.6) 式に代入して，解であることを確かめること

12.1 EW 方程式

もできる.

さて, 界面のゆらぎ $w(L,t)$ は, 空間平均

$$\overline{h(\boldsymbol{r},t)} = \frac{1}{L^d}\int_{\boldsymbol{r}\in[0,L]^d} h(\boldsymbol{r},t)\mathrm{d}\boldsymbol{r} \tag{12.11}$$

を用いて, 高さの平均自乗偏差

$$w(L,t) = \sqrt{\overline{\{h(\boldsymbol{r},t)-\overline{h(\boldsymbol{r},t)}\}^2}} \tag{12.12}$$

によって評価される. (12.4) 式を代入し, 直交規格化条件

$$\frac{1}{L^d}\int_{\boldsymbol{r}\in[0,L]^d} \mathrm{e}^{i(\boldsymbol{k}_n+\boldsymbol{k}_{n'})\cdot\boldsymbol{r}}\mathrm{d}\boldsymbol{r} = \delta(n_1,n_1')\delta(n_2,n_2')\cdots\delta(n_d,n_d') \tag{12.13}$$

を用いると

$$w^2(L,t) = {\sum_{\{\boldsymbol{n}\}}}' \hat{h}(\boldsymbol{k}_n,t)\hat{h}(-\boldsymbol{k}_n,t) \tag{12.14}$$

となる. ここで $\sum'_{\{\boldsymbol{n}\}}$ は $\sum_{n_1}\sum_{n_2}\cdots\sum_{n_d}$ において $\boldsymbol{0}=(0,0,\cdots,0)$ の項を除くことを意味している. この除去は $w^2(L,t) = \overline{h^2(\boldsymbol{r},t)} - \{\overline{h(\boldsymbol{r},t)}\}^2$ における第 2 項から生じているが,「成長する荒れた界面」問題の数学的表現のポイントであることは後ほど明らかにされるであろう.

(12.14) 式に (12.10) 式を代入し, 確率変数 $\{\hat{\eta}(\boldsymbol{k}_n,t)\}$ に関する平均をとると, (12.8) 式を参照して

$$\langle w^2(L,t)\rangle = \frac{D}{\nu L^d}{\sum_{\{\boldsymbol{n}\}}}' \frac{1-\mathrm{e}^{-2\nu \boldsymbol{k}_n^2 t}}{\boldsymbol{k}_n^2} \tag{12.15}$$

が得られる. $L\to\infty$ における漸近的な振る舞いは

$$\langle w^2(L,t)\rangle = \frac{D}{\nu}\int_{2\pi/L\le k} \frac{1-\mathrm{e}^{-2\nu k^2 t}}{k^2}\frac{\mathrm{d}\boldsymbol{k}}{(2\pi)^d} \tag{12.16}$$

となる. ここで, $k^2 = k_1^2+k_2^2+\cdots+k_d^2$, すなわち, $k=|\boldsymbol{k}|$ である. (12.16) 式がこれから吟味される対象となる.

(12.16) 式の積分において $\boldsymbol{k}'=L\boldsymbol{k}$ と変数変換すると,

$$\langle w^2(L,t)\rangle = L^{2-d}\Psi\left(\frac{t}{L^2}\right) \tag{12.17}$$

$$\Psi(x) = \frac{D}{\nu} \frac{S_d}{(2\pi)^d} \int_{2\pi \leq y}^{\infty} y^{d-3}(1 - e^{-2\nu x y^2}) dy \qquad (12.18)$$

が得られる．ここで，被積分関数が大きさ y だけの関数であるので，極座標表示に変数変換した．S_d は半径 1 の d 次元単位球の表面積である．(12.14) 式において $\boldsymbol{k} = \boldsymbol{0}$ の項が除かれた結果，L の因子がくくり出されたことに注意しよう．

界面の高さのゆらぎに関するスケーリング則 (11.6) 式と照らし合わせて

$$\alpha = \frac{2-d}{2}, \qquad z = 2 \qquad (12.19)$$

さらに

$$\beta = \frac{2-d}{4} \qquad (12.20)$$

と結論される．ここまでが文献に載っている結果である．

さて，理論的な興味ではあるが，$d \geq 2$ ではどうなるであろうか．ある文献では $d > 2$ では粗さ指数 α が負になると書いてあるがこれはもちろん誤りである．スケーリング則を議論する場合は常に $L \to \infty$ における漸近的な振る舞いを考察の対象とする．したがって，負の指数ではその寄与は非常に小さくなってしまう．少なく見積もっても，L に依存しない部分が存在するはずであるから，粗さ指数は 0 が下限である．では，どこに間違いが潜んでいるのか考えてみよう．スケーリング関数 (12.18) 式を詳しく調べる．積分の上限が無限大であることに注意すると，$d > 2$ では積分そのものが発散してしまうことに気がつく．なぜなら $y \to \infty$ では，指数関数は 0 とみなせるから，被積分関数は y^{d-3} と見積もられる．

$$\int^{\Lambda} y^{d-3} dy \simeq \Lambda^{d-2} \qquad (12.21)$$

となり，$d > 2$ であれば $\Lambda \to \infty$ で発散するからである．この事実を紫外発散ということがある．したがって，このままでは $d > 2$ の場合 (12.17) 式は正しい表現になっていない．

発散を避ける最も安易な方法は (12.21) 式のように Λ を導入し，その値を有限に保っておくことである．有限なカットオフ Λ を考慮することに全く根拠がないわけではなく，物理の理論にはしばしば登場することである．その根拠は

出発点である EW 方程式 (12.1) と (12.3) 式にある．そこに現れている位置ベクトル r や時間 t は文字どおりの数学的な実体ではない．すなわち，「成長する荒れた界面」をわれわれが観測する場合には，原子の大きさやピコ秒といった時間は認識されない．計算機シミュレーションをする立場からいえば，空間を格子に分割した一つ一つのセルは識別されない．われわれが問題にするのはもっとぼんやりした界面像であり，ゆるやかな変化である．いわゆる粗視化された世界では，$|r|<2\pi/\Lambda$ の距離は問題にならず，必然的にカットオフが存在しているのである．

有限なカットオフ Λ の導入で困難が回避できるように説明してきたが，実はもっとよく考えねばならない．積分の値が有限となっても，その値そのものは Λ に強く依存する．われわれが観測する界面の高さの分散 $\langle w^2(L,t) \rangle$ が Λ の選び方に依存することを意味している．巨視的な量は微視的な量の選択の仕方によってはならないという物理的要請を満足しない．やはり，$d>2$ の場合は (12.17)，(12.18) 式の導出の出発点に立ち返って考え直さなければならない．

非線形性はこの困難と無関係であるから，KPZ 方程式にも同じ問題が存在していると考えられる．

12.2　KPZ 方程式の数値解析

KPZ 方程式に関する理論的試みはカーダーら自身が行ったくりこみ群の方法に依拠するものである．しかし，彼らの計算に誤りが見出され，くりこみ群の方法そのものにも疑問が呈されている．したがって，この節では前節での問題提起を受けて，離散化された KPZ 方程式を対象にして解決策を探る．

時間・空間を離散化して方程式を解く方法は差分法と呼ばれ，数値計算をする場合に必須であるだけでなく，最近は差分化による新しい数理が見出され興味がもたれている．本書では詳しく議論する余裕はないので，微分方程式に関する差分法の基礎を以下に必要となる点だけを簡単に説明する．

簡単のため t を変数とする関数 $x(t)$ に関する次の 1 階の微分方程式を対象とする．

$$\frac{dx}{dt} = F(t, x) \tag{12.22}$$

変数 t を Δt 間隔に $t_0, t_1, t_2, \cdots$ と離散化し,それに対応する関数値を $x_0 = x(t_0), x_1 = x(t_1), x_2 = x(t_2), \cdots$ とする.

問題は微分 dx/dt をいかに差分化するかである.直観的でわかりやすいものとして

$$\left.\frac{dx}{dt}\right|_{t=t_i} = \begin{cases} (x_{i+1} - x_i)/\Delta t & \text{前進差分} \\ (x_i - x_{i-1})/\Delta t & \text{後進差分} \\ (x_{i+1} - x_{i-1})/2\Delta t & \text{中心差分} \end{cases} \tag{12.23}$$

があげられる.それぞれに長所・短所があるが前進差分を用いるのが最も簡便である.方程式 (12.22) 式に前進差分を適用すると

$$x_{i+1} = x_i + \Delta t F(t_i, x_i) \tag{12.24}$$

となる.この近似法を陽的オイラー法という.初期値 $x_0 = x(t_0)$ が与えられれば,右辺は既知な量ばかりであるので (12.24) 式に基づいて,順々に数列 $x_0, x_1, x_2, \cdots$ が得られる. $x_{i+1} = x(t_i + \Delta t)$ を

$$x_{i+1} = x_i + \left.\frac{dx}{dt}\right|_{t=t_i} \Delta t + O((\Delta t)^2) \tag{12.25}$$

とテイラー展開し,(12.22) 式を参照すれば (12.24) 式の誤差は $O((\Delta t)^2)$ のオーダーであることがわかる.有限の区間についてこの計算を繰り返すと,その計算回数は Δt に逆比例するので,陽的オイラー法は結局 Δt の 1 次の誤差になる.収束速度は速くないが離散化の間隔 Δt を小さくすれば真の解に近づくことが保証されている点からこの陽的オイラー法は有用な公式である.

KPZ 方程式に適用するためには空間に関する 2 階微分も必要になる.2 階の微分は前進差分と後進差分を組み合わせて,

$$\left.\frac{d^2 x}{dt^2}\right|_{t=t_i} = \frac{(x_{i+1} - x_i)/\Delta t - (x_i - x_{i-1})/\Delta t}{\Delta t} = \frac{x_{i+1} - 2x_i + x_{i-1}}{(\Delta t)^2} \tag{12.26}$$

とする.偏微分方程式における時間と空間の離散化の単位の選び方には注意が

必要である．その注意を無視すると数値計算の途中で解が発散するなど目的が果たせないことになる．一般的には時間の差分化の単位は空間のそれに比べて十分小さくする必要がある．

さて，KPZ 方程式に戻ろう．空間 $[0, L]^d$ を一辺 a の $(2N)^d$ 個のセルに分割し，格子点の位置を d 次元の整数ベクトル $\bm{i} = (i_1, i_2, \cdots, i_d)$ を用いて $\bm{x}_i = a\bm{i}$ と表す．ここで，$i_l = 0, 1, 2, \cdots, 2N+1$ ($l = 1, 2, \cdots, d$) である．また時間も時間間隔 τ で $t_j = j\tau$ ($j = 0, 1, 2, \cdots$) と離散化する．時間微分は陽的オイラー法で，空間の 1 階微分は中心差分を，2 階微分は (12.26) 式を適用すると，KPZ 方程式，(11.11) 式は

$$H(\bm{x}_i, t_{j+1})$$
$$= H(\bm{x}_i, t_j) + \frac{\nu\tau}{a^2} \sum_{l=1}^{d} \{H(\bm{x}_i + a\bm{e}_l, t_j) - 2H(\bm{x}_i, t_j) + H(\bm{x}_i - a\bm{e}_l, t_j)\}$$
$$+ \frac{\lambda\tau}{8a^2} \sum_{l=1}^{d} \{H(\bm{x}_i + a\bm{e}_l, t_j) - H(\bm{x}_i - a\bm{e}_l, t_j)\}^2 + \tau B(\bm{x}_i, t_j)$$
(12.27)

と表される．ここで，$\bm{e}_l$ は l 軸方向の単位ベクトルである．確率変数 $B(\bm{x}_i, t_j)$ は，KPZ 方程式の場合と同じように離散化された時刻，格子点が異なれば相関はなく，さらに同時刻・同格子点に関してはガウス型であると仮定する．すなわち，$\langle B(\bm{x}_i, t_j)\rangle = 0$ で，相関は

$$\langle B(\bm{x}_i, t_j) B(\bm{x}_{i'}, t_{j'})\rangle = 2Da^{-\phi}\tau^{-1}\delta_{i_1, i_1'}\delta_{i_2, i_2'}\cdots\delta_{i_d, i_d'}\delta_{j, j'} \quad (12.28)$$

となる．$\delta_{i,i'}$ はクロネッカの記号で，$\delta_{i,i'} = 1$ ($i = i'$)，$\delta_{i,i'} = 0$ ($i \neq i'$) である．ここで，因子 $a^{-\phi}\tau^{-1}$ は，連続化の極限 ($a, \tau \to 0$) をとった際にクロネッカの記号が δ 関数とつながるように導入されている．セルの体積 a^d と時間間隔 τ にわたって平均されていると考えてもよかろう．(11.15) 式に相当させるとすれば $\phi = d$ としなければならないところであるが，後での議論の便宜をはかって一般化してある（詳しい説明は付録 C を参照のこと）．

さて，数値計算のために離散化した (12.27) 式において，$a, \tau \to 0$ とすれば当然 KPZ 方程式，(11.11) 式に帰着しなければならない．また，前節における

EW 方程式に関する考察からもこの極限が重要な位置を占めていると思われる.カットオフ Λ と格子間隔 a とは,$\Lambda = 2\pi/a$ の関係がある.

離散化の単位 a を変化させて数値計算を実行して,$w(L,t)$ が収束するか否かを検証する.この際,比 $\sigma = \tau/a^2$ は一定に保つ.数値計算では極限 $\lim_{a \to 0}$ を取ることはできないが,十分小さい a に対して $w(L,t)$ が変化しなければ連続化された結果が得られたと結論できる.

KPZ 方程式に現れているパラメータの値は,$\nu = 0.5$,$D = 0.005$,$\lambda^2 D/\nu^3 = 15$ とした.始めは $\phi = d$ として,(11.15) 式において δ 関数型の相関がある場合を考慮した.$d = 1$ の場合は,図 12.1 に示されているように,$a = 1.0$ としても $a = 0.5$ としても $w(L,t)$ の値はほぼ一致しており,連続化の極限に収束していると考えられる.しかも,両対数グラフの勾配から得られる β 値はほぼ 0.33 で理論の予想と一致している.

ところが,同様な計算を $d = 3$ の場合に行った結果,図 12.2 のようになって a を小さくすると明らかに $w(L,t)$ は増大することがわかった.この事実は $a \to 0$ の極限で $w(L,t)$ が発散することを意味している.前節で指摘したように,EW 方程式から導かれる $w(L,t)$ も $d > 2$ では発散する.非線形性によって紫外発散を除去することはできないので,原因は同一であると考えられる.

次に,(12.28) 式における指数 ϕ を

$$\phi = 2 \tag{12.29}$$

とおいて,同じ計算をやり直してみる.その結果は図 12.3 に示されているように,$a = 1.0$ としても $a = 0.5$ としても $w(L,t)$ の値はほぼ変化しない.したがって,この程度の a 値で十分収束していると判断できる.また,得られた $w(L,t)$ はほぼ水平で $\beta = 0$ を強く示唆している.その結果,$\alpha = 0$ も結論される.

(12.28) 式において (12.29) 式を採用することは,ノイズ間の相関を弱めることを意味している.$d > 2$ の場合は,デルタ関数型の相関をもつノイズでは,周囲からの影響が強すぎ,その結果 $w(L,t)$ の発散に導くのである.紫外発散を除く工夫として,KPZ 方程式に 4 階の微分項 $\nabla^2(\nabla^2 h)$ を導入することも考えられる.そうすれば,$2 < d < 4$ 次元における発散を防ぐことができる.しか

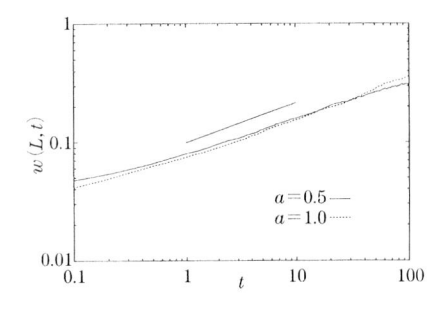

図 12.1 $w(L,t)$ の時間依存性 (1) $d=1, \phi=1$ の場合. 10 回実行したデータの平均値. 挿入された線分の勾配は $1/3$. $L=1000$ である.

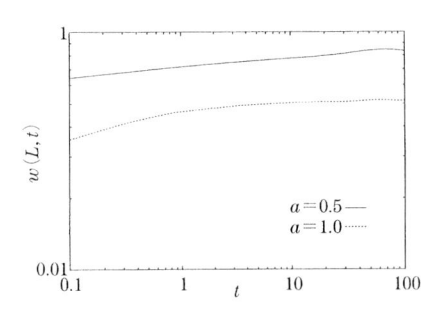

図 12.2 $w(L,t)$ の時間依存性 (2) $d=3, \phi=3$ の場合. 10 回実行したデータの平均値. $L=50$ である.

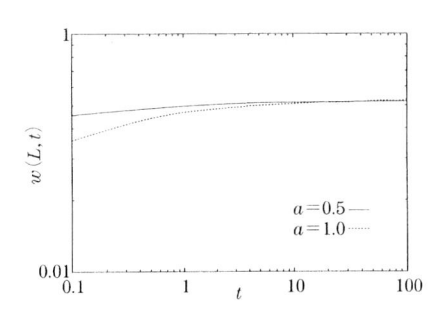

図 12.3 $w(L,t)$ の時間依存性 (3) $d=3, \phi=2$ の場合. 10 回実行したデータの平均値. $L=50$ である.

し, その結果としての $w(L,t)$ は上と同様に L にも t にも依存しない定数となり, 特性指数は $\alpha=\beta=0$ である.

このように 11.6 節で整理した結論が導かれる.

12.3 KPZQ 方程式

　KPZ 方程式から予測される粗さ指数は実験で測定される値よりも小さく，自然界に観測される持続性（$\alpha > 0.5$）を示す自己アフィン図形を説明できない．この矛盾を解決するためのさまざまな提案がされているが，その中で最も合理的であると思われるアイデアを紹介する．

　実験が行われた状況を反省してみればノイズのあり方に問題があることが明白である．すなわち，ノイズは刻々与えられるのでなく，ランダムな値を取るとしても空間的に固定されている．界面が到達する以前に，その位置にノイズの値はすでに与えられているのである．したがって，ノイズは $\eta(\boldsymbol{r}, h(\boldsymbol{r},t))$ となっているはずである．このように修正された方程式を KPZQ 方程式と略称し，次のように与える．

$$\frac{\partial h(\boldsymbol{r},t)}{\partial t} = \nu \nabla^2 h(\boldsymbol{r},t) + \frac{\lambda}{2}(\nabla h(\boldsymbol{r},t))^2 + f + \eta(\boldsymbol{r}, h(\boldsymbol{r},t)) \quad (12.30)$$

ここで，f は界面を上へ成長させる駆動力であり，KPZ 方程式の場合のように $h(\boldsymbol{r},t)$ に含ませることによって除去することができない．それは，ランダムなノイズが $\eta(\boldsymbol{r}, h(\boldsymbol{r},t))$ と界面の現在の位置 $h(\boldsymbol{r},t)$ に依存するからである．

　ノイズの統計的性質は最も簡単なガウス型雑音と仮定する．したがって，平均値と分散を与えれば十分である．平均値 $\langle \eta(\boldsymbol{r}, h(\boldsymbol{r},t)) \rangle = 0$ としても一般性は失わない．分散は

$$\langle \eta(\boldsymbol{r}+\boldsymbol{r}', h+h')\eta(\boldsymbol{r}', h') \rangle = 2D[R(\ell)\Delta_\ell(\boldsymbol{r})][H(\rho)\Delta_\rho(h)] \quad (12.31)$$

と表す．ここで，ℓ, ρ は基盤に平行な方向と垂直な方向の微視的な長さの目安を与える．したがって，$\Delta_\ell(\boldsymbol{r})(\Delta_\rho(h))$ はおおよそ $|\boldsymbol{r}| \sim \ell (h \sim \rho)$ 程度で減衰する，例えば，$\Delta_\ell(\boldsymbol{r}) = \exp[-|\boldsymbol{r}|^2/(2\ell^2)]$ $(\Delta_\rho(h) = \exp[-h^2/(2\rho^2)])$ のような関数である．基盤に平行な方向では，白色ノイズの近似を採用して，

$$R(\ell) \simeq \ell^{-\phi}, \qquad \phi = d \quad (12.32)$$

とする．この場合は，$\ell \to 0$ の極限で $R(\ell)\Delta_\ell(\boldsymbol{r}) \to \delta(\boldsymbol{r})$ となることに注意し

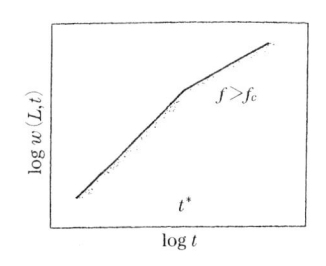

図 12.4 KPZQ 方程式から得た $w(L,t)$ の時間依存性
$f > f_c$ の場合,クロスオーバー時刻 t^* を挟んで勾配が変化する.

よう.基盤に垂直な方向に関しては単位長さの取り方が任意であることを考慮して

$$H(\rho) \simeq \rho^{-\varphi}, \qquad \varphi = 0 \tag{12.33}$$

とおく.

KPZQ 方程式は $\lambda = 0$ とおいても線形にならないので理論的に解くことは難しい.そのために方程式を数値的に解く試みが先行した.得られた結果を図 12.4 に模式的に表したが,その特徴をまとめると,

1) 駆動力 f にはしきい値 f_c が存在する.
2) $f < f_c$ では界面は有限の時間内で凍結して動かなくなる.
3) $f > f_c$ の場合はクロスオーバーが時刻 t^* で起こる.t^* は f_c に近い駆動力 f ほど大きくなる.
4) 初期の時間領域 ($t \ll t^*$) で,KPZ 方程式とは異なる指数 α_Q, β_Q で特徴づけられる時間発展をする.
5) t^* 後の時間 ($t \gg t^*$) では,前者より小さい特性指数で表される時間発展をする.

と整理される.高次元の場合にはまだ確定的な結果が得られていないが,$d = 1$ については $\alpha_Q = 0.71$, $\beta_Q = 0.61$ と報告されている.実験で測定された値に近く,特に α 値が 0.5 より大きいため,KPZQ 方程式が実験の普遍性クラスを説明するよいモデルであると期待されている.

前述したように KPZQ 方程式を解析的に解くことは困難であるが,特性指数を求めるためには付録 D において説明する中間漸近の方法が有用である.中

間欠近の方法を適用するために，問題の中に含まれている物理量を無次元化する．われわれの問題は (12.30) 式と (12.31) 式が全てであるから，この両式から出発すればよい．方程式の両辺，各項は同じ次元であるという当然の要請から，物理量 q の次元を $[q]$ と記すと，次元に関する方程式は，

$$\frac{[h]}{[t]} = \frac{[\nu][h]}{[r]^2} = \frac{[\lambda][h]^2}{[r]^2} = [f] = [\eta] \tag{12.34}$$

$$[\eta]^2 = [D][R][H] \tag{12.35}$$

である．平均操作 $\langle\ \rangle$, $\Delta_\ell(r)$, $\Delta_\rho(h)$ は無次元であることを注意しておく．この四つの方程式を $[h]$, $[r]$, $[\nu]$, $[f]$ に関して解くと

$$[h] = [w] = [\rho] = [D]^{1/2}[R]^{1/2}[H]^{1/2}[t] \tag{12.36}$$

$$[r] = [L] = [\ell] = [\lambda]^{1/2}[D]^{1/4}[R]^{1/4}[H]^{1/4}[t] \tag{12.37}$$

$$[\nu] = [\lambda][D]^{1/2}[R]^{1/2}[H]^{1/2}[t] \tag{12.38}$$

$$[f] = [D]^{1/2}[R]^{1/2}[H]^{1/2} \tag{12.39}$$

が得られる．問題を記述するために必要な物理量は，w, L, t, ν, λ, D, f, ℓ, ρ の 9 個であるが，方程式が 4 個であるから独立な変数は 5 個になる．(12.36), (12.37) 式で，$[h]$, $[r]$ に関して解いたのは，w, L が必要であったからである．ν は λ におき換えられるが，f は今後の議論に不可欠である．

次のステップは，微視的な量である ℓ と ρ を有限に保って観測される界面の高さの分散 $w_{\mathrm{micro}}(L, t; \nu, \lambda, D, f : \ell, \rho)$ を無次元化することである．$[w] = [h]$ であるから，

$$\frac{w_{\mathrm{micro}}(L, t; \nu, \lambda, D, f : \ell, \rho)}{\sqrt{DR(\ell)H(\rho)}t} = \Phi_{\mathrm{micro}}(\tilde{L}, \tilde{\nu}, \tilde{f}, \tilde{\ell}, \tilde{\rho}) \tag{12.40}$$

と，5 個の無次元量

12.3 KPZQ 方程式

$$\begin{cases} \tilde{L} = \dfrac{L}{t\sqrt{\lambda\sqrt{DR(\ell)H(\rho)}}}, & \tilde{\nu} = \dfrac{\nu}{\lambda t\sqrt{DR(\ell)H(\rho)}} \\[2ex] \tilde{f} = \dfrac{f - f_c}{\sqrt{DR(\ell)H(\rho)}}, & \tilde{\ell} = \dfrac{\ell}{t\sqrt{\lambda\sqrt{DR(\ell)H(\rho)}}} \\[2ex] \tilde{\rho} = \dfrac{\rho}{t\sqrt{DR(\ell)H(\rho)}} & \end{cases} \quad (12.41)$$

を変数とする無次元の関数 Φ_{micro} を用いて表されるはずである (付録 D 参照). ここでは, 数値計算で明らかになった事実, 駆動力のしきい値 f_c の存在と駆動力依存性が $f - f_c$ の形になることを仮定している.

さて, 巨視的な量である界面の高さのゆらぎ $w(L,t)$ が存在するならば, 第 2 種の中間漸近の方法によって, 極限

$$w(L,t) = \lim_{\ell \to 0}\lim_{\rho \to 0}\left[t\sqrt{DR(\ell)H(\rho)} \right] \tilde{\ell}^a \tilde{\rho}^b$$
$$\times \Phi(\tilde{L}\tilde{\ell}^{a_1}\tilde{\rho}^{b_1}, \tilde{\nu}\tilde{\ell}^{a_2}\tilde{\rho}^{b_2}, \tilde{f}\tilde{\ell}^{a_3}\tilde{\rho}^{b_3}) \quad (12.42)$$

が, 適当な指数の組 $\{a, b, a_1, b_1, a_2, b_2, a_3, b_3\}$ を選択することによって収束するはずである. すなわち, 巨視的な量は微視的な量の選択に依存しないことが要請される. 実際, 方程式

$$\begin{cases} -\dfrac{\phi}{2} + \left(1 + \dfrac{\phi}{4}\right)a + \dfrac{\phi}{2}b = 0 \\[2ex] -\dfrac{\varphi}{2} + \dfrac{\varphi}{4}a + \left(1 + \dfrac{\varphi}{2}\right)b = 0 \end{cases} \quad (12.43)$$

が満たされれば, (12.42) 式の右辺における因子の ℓ, ρ 依存性が消失する. a, b の具体的な値は

$$a = \dfrac{2\phi}{4 + \phi + 2\varphi}, \qquad b = \dfrac{2\varphi}{4 + \phi + 2\varphi} \quad (12.44)$$

である. 同様に, 関数 Φ の変数に関しても,

$$\begin{cases} a_1 = -a/2, & b_1 = -b/2 \\ a_2 = a_3 = -a, & b_2 = b_3 = -b \end{cases} \quad (12.45)$$

とすれば，極限は収束することがわかる．これらの式の導出は微視的な量が小さい場合に限っていることに注意しよう．

さて，極限操作 (12.42) 式によって，残される因子を整理しよう．その際，(12.32), (12.33) 式を代入する．その結果は

$$w(L,t) = \frac{t^{\frac{4-d}{4+d}} D^{\frac{2}{4+d}}}{\lambda^{\frac{d}{4+d}}}$$
$$\times \Phi\left(\frac{L}{t^{\frac{4}{4+d}} D^{\frac{1}{4+d}} \lambda^{\frac{2}{4+d}}}, \frac{\nu}{t^{\frac{4-d}{4+d}} D^{\frac{2}{4+d}} \lambda^{\frac{4}{4+d}}}, \frac{(f-f_c) t^{\frac{2d}{4+d}} \lambda^{\frac{d}{4+d}}}{D^{\frac{2}{4+d}}}\right) \quad (12.46)$$

となる．このままでは，3 変数全てに時間 t を含んでいるので大した情報は引き出せない．しかし，少し工夫をすると重要な知識が汲み出せる．第 2 変数と第 3 変数を組み合わせて

$$\left[\frac{(f-f_c) t^{\frac{2d}{4+d}} \lambda^{\frac{d}{4+d}}}{D^{\frac{2}{4+d}}}\right]^{\frac{4-d}{2d}} \cdot \left[\frac{\nu}{t^{\frac{4-d}{4+d}} D^{\frac{2}{4+d}} \lambda^{\frac{4}{4+d}}}\right] = \frac{(f-f_c)^{\frac{4-d}{2d}} \nu}{D^{\frac{1}{d}} \lambda^{\frac{1}{2}}} \equiv \text{s.p.} \quad (12.47)$$

とおけば，これはシステムサイズ L や時間 t によらないシステムパラメータとみなせる．したがって，結局

$$w(L,t) = \frac{D^{\frac{2}{4+d}} t^{\frac{4-d}{4+d}}}{\lambda^{\frac{d}{4+d}}} \Phi'_Q\left(\frac{L}{t^{\frac{4}{4+d}} D^{\frac{1}{4+d}} \lambda^{\frac{2}{4+d}}}, \left(\frac{t}{t^*}\right)^{\frac{2d}{4+d}}, \text{s.p.}\right) \quad (12.48)$$

と表される．ここで，クロスオーバー時間 t^* は，

$$t^* = \left(\frac{(f-f_c)^{4+d}}{D^2}\right)^{-1/2d} \quad (12.49)$$

と定義される．

さて，(12.48) 式から導かれる結論を整理しよう．駆動力 f がクロスオーバー値 f_c より大きいが，その差はわずかであると仮定する．あるいは，クロスオーバー時間 t^* よりはるかに短い $t \ll t^*$ で観測することにしよう．すなわち (12.48) 式の第 2 変数が 0 に非常に近いとする．この極限で関数 $\Phi'_Q(x, 0, \text{s.p.})$ の値が存在するかどうか疑問が残るが，数多くの計算機シミュレーションの結果によって，その存在は保証されているとみなしてよかろう．結局，

12.3 KPZQ 方程式

$$w(L,t) = \frac{D^{\frac{2}{4+d}} t^{\frac{4-d}{4+d}}}{\lambda^{\frac{d}{4+d}}} \Phi_Q \left(\frac{L}{D^{\frac{1}{4+d}} \lambda^{\frac{2}{4+d}} t^{\frac{4}{4+d}}} \right) \tag{12.50}$$

と，スケールされた表現を得る．(11.6) 式と比較して，特性指数は

$$\beta_Q = \frac{4-d}{4+d}, \quad z_Q = \frac{4+d}{4} \tag{12.51}$$

と得られるが，さらに $\alpha_Q = \beta_Q z_Q$ の関係式から

$$\alpha_Q = \frac{4-d}{4} \tag{12.52}$$

も得られる．これらの式に $d=1$ を代入すると

$$\alpha_Q = 0.75, \quad \beta_Q = 0.60 \tag{12.53}$$

と，数値計算による結果と非常に近い値になる．KPZQ 方程式から $d=1$ の実験において観測される $\alpha > 0.5$ となる値が得られることは KPZQ 方程式の成功を期待させる．なお，KPZ 方程式で成立しているスケーリング則

$$\alpha_Q + z_Q = 2 \tag{12.54}$$

が自動的に満足されていることも興味深い．

Φ_Q は $t \ll t^*$ と $t \gg t^*$ で関数形が異なると考えられる．しかし，実験ではクロスオーバーは観測されていない．自動的に $f \to f_c$ への引き込みが行われ，一種の自己組織化臨界現象になっているのであろうか．興味はつきない．

13 多重フラクタル

 ここまで複雑な図形を自己相似性という対称性に注目し，フラクタルとしてとらえる方法を説明してきた．しかし，ただ一つの量，「フラクタル次元」だけで全ての複雑な図形が解析できるほど自然は単純ではない．本章では，フラクタル次元を関数として拡張する試みを議論する．この方式は統計力学と全く等価な定式化ができるところが非常に興味深い．なお，マルチ・フラクタルと称する文献もあるが，本書では多重フラクタルで通すことにする．

13.1　多重フラクタルの定義

 多重フラクタルの考察のために，下地となる図形の上に存在する測度を考える．測度はなじみのない量かもしれないが，後ほど具体的な例をあげて説明する．ここでは，確率密度と理解しても構わない．測度の分布が空間的に一様でない場合が議論の対象になる．もちろん一様の場合も含まれる．下地（台あるいはサポートという）はフラクタルであってもなくても構わない．後で例示するように，サポートを DLA クラスターとし，そのうえでの成長確率を測度とすると，DLA クラスターの成長の特徴を議論できる．サポートと測度のさまざまな組合せが考えられる．

 最初は，いささか抽象的に図 13.1 を取り上げる．この例では測度は点の密度である．さて，ボックス・カウント法で行ったように，図形全体を一辺 ℓ のセルで覆い，i 番目のセルにおける測度（=点の数の割合）を $p_\ell(i)$ とする．$p_\ell(i) \neq 0$ である（空でない）セルの総数を $N(\ell)$ とする．実数 q（$-\infty \leq q \leq \infty$）に対して，分配関数

13.1 多重フラクタルの定義

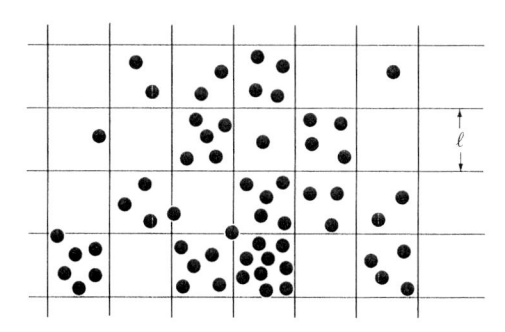

図 13.1 多重フラクタル図形の例示
点の密度が測度になる．メッシュで覆った一つのセルの一辺を ℓ とする．

$$Z_\ell(q) = \sum_i{}' [p_\ell(i)]^q \tag{13.1}$$

を定義する．なぜこう呼ぶかは後でわかるであろう．ここで，負の q で発散することがないように，$\sum_i'$ において $p_\ell(i) = 0$ であるセルに関する項を除くことにする．ただし，規格化条件より

$$Z_\ell(1) = 1 \tag{13.2}$$

が課される．この $Z_\ell(q)$ を用いて

$$D(q) = \frac{1}{q-1} \lim_{\ell \to 0} \frac{\log Z_\ell(q)}{\log \ell} \tag{13.3}$$

を多重フラクタル次元という．$\log Z_\ell(q)$ が，$q = 1$ で符号を変える単調減少関数であることから $D(q)$ が正であることがわかる．

では，$D(q)$ がなぜ次元と呼ばれるか検討してみよう．まず，$q = 0$ の場合を考える．$\sum_i' 1 = N(\ell)$ が，$p_\ell(i) \neq 0$ である1辺 ℓ のセルの総数であり，ボックス・カウント次元 d_B を用いて $N(\ell) \simeq \ell^{-d_B}$ であることに注意すると，

$$D(0) = -\lim_{\ell \to 0} \frac{\log N(\ell)}{\log \ell} = d_B \tag{13.4}$$

であることがわかる．すなわち，サポート自身のフラクタル次元である．$q = 1$ の場合は，(13.3) 式の分母・分子が 0 になるから分子について $q \to 1$ の極限を取るために

$$\log Z_\ell(q) = \log\left\{\sum_i{}' [p_\ell(i)]^{1+(q-1)}\right\} = \log\left\{\sum_i{}' [p_\ell(i)] \mathrm{e}^{(q-1)\log p_\ell(i)}\right\}$$

$$\simeq \log\left\{1 + (q-1)\sum_i{}' p_\ell(i)\log p_\ell(i)\right\}$$

$$\simeq (q-1)\sum_i{}' p_\ell(i)\log p_\ell(i) \tag{13.5}$$

と変形する．ここで，規格化条件 (13.2) 式を用いた．結局

$$D(1) = \lim_{\ell\to 0} \frac{-\sum_i{}' p_\ell(i)\log p_\ell(i)}{\log(1/\ell)} \tag{13.6}$$

が得られる．$D(1)$ は情報次元と呼ばれる．なぜならば，$-\sum_i{}' p_\ell(i)\log p_\ell(i)$ は，情報科学で平均情報量（エントロピー）と呼ばれる量であるからである．同様に，$[p_\ell(i)]^2$ が，同一セル内に 2 点が存在する確率と考えられることから

$$D(2) = \lim_{\ell\to 0} \frac{\log\sum{}'[p_\ell(i)]^2}{\log\ell} \tag{13.7}$$

は相関次元と呼ばれる．

このように，(13.3) 式によって定義される $D(q)$ は既知のさまざまな次元を含み，それらの自然な拡張になっていることが理解できる．(13.1) 式から，パラメータ q はある種のフィルターの役割をしていることがわかる．すなわち，正で大きい q に対しては，分配関数のうち確率が大きい部分集合からの寄与が大きく，図形全体の中で確率が大きいセルの部分が強調される．反対に負で絶対値が大きい q に対しては，小さい確率の部分が強められて観測される．q の値を変化させるに従って，図形のうちに強調される部分集合が移っていくのである．

一般に，$q_1 > q_2$ であれば，$D(q_1) \leq D(q_2)$ であることが知られている．すなわち，$D(q)$ は q の減少関数である．等号は $p_\ell(i)$ が i によらずに全て等しい場合，すなわち，測度が一様である場合に成立する．この事実は簡単に示される．$p_\ell(i) = 1/N(\ell)$，かつ $N(\ell) \simeq \ell^{-d_B}$ であるから，

$$D(q) = \frac{1}{q-1}\lim_{\ell\to 0}\frac{\log[\{N(\ell)\}^{-q}\sum_i{}' 1]}{\log\ell} = -\lim_{\ell\to 0}\frac{\log N(\ell)}{\log\ell} = d_B \tag{13.8}$$

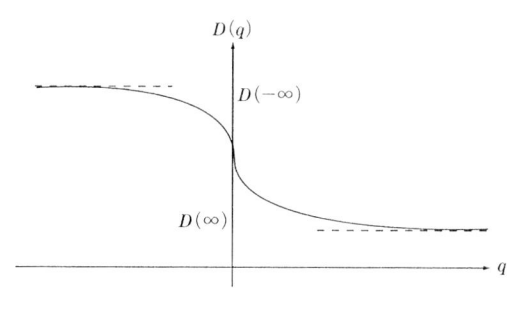

図 13.2 多重フラクタル次元

多重フラクタル次元 $D(q)$ の振る舞いをおおまかに描くと図 13.2 のようである．$q \to \pm\infty$ で一定値 $D(\pm\infty)$ に漸近する．

13.2 $f(\alpha)$ スペクトラム

多重フラクタル図形は多重フラクタル次元 $D(q)$ を指標とするばかりでなく，異なる側面から特徴づけられる直接的な理解も可能である．ここからは，便宜上 $D(q)$ の代わりに，$\tau(q) \equiv (q-1)D(q)$ を用いる．

測度分布の非一様性を次のように表現する．$p_\ell(i)$ が，小さくなる ℓ につれて

$$p_\ell(i) \simeq \ell^{\alpha_i} \tag{13.9}$$

と，べき則に従って減少すると仮定する．この指数 α_i は，数学ではリプシッツ–ヘルダー指数と呼ばれるものであるが，測度分布の特異性を特徴づける量であるので以下では特異性指数と呼ぶことにする．定義から当然 $\alpha_i \geq 0$ である．

図形の非一様性から，ここに現れた特異性指数 α_i は，場所によって異なるが，サポートのあちらこちらに同じ α 値の個所があるはずである．その α_i が α と $\alpha + \mathrm{d}\alpha$ の間に存在する確率分布を

$$\rho(\alpha)\ell^{-f(\alpha)}\mathrm{d}\alpha \tag{13.10}$$

とする．$f(\alpha)$ は，サポートの中で特異性指数がちょうど α となる部分集合（これはサポートの中で入り組んだ複雑な形状をしている）のフラクタル次元を表

している.特異性指数が α である部分集合はフラクタル次元 $f(\alpha)$ のサポートをもつといってもよい.定義から $f(\alpha) \geq 0$ でなければならない.以下では $f(\alpha)$ スペクトラムと呼ぶが,これを用いて多重フラクタル図形を特徴づけることができる.

さて,$f(\alpha)$ スペクトラムと多重フラクタル次元 $D(q)$ との関係を調べよう.(13.1) 式の $Z_\ell(q)$ は,i に関する和を α についての積分と考え直して

$$Z_\ell(q) = \int \rho(\alpha) \ell^{-f(\alpha)+q\alpha} \mathrm{d}\alpha \tag{13.11}$$

と表される.形式的には $\rho(\alpha)\ell^{-f(\alpha)} = \sum_i' \delta(\alpha - \alpha_i)$ である.いずれ $\ell \to 0$ の極限を取るので,ℓ を非常に小さいとしてこの積分を評価する.この場合,被積分関数は指数 $-f(\alpha) + q\alpha$ が最小になる α 値で鋭いピークを示す.この α 値を $\alpha(q)$ と書くと,これは

$$q = \left(\frac{\mathrm{d}f(\alpha)}{\mathrm{d}\alpha}\right)_{\alpha=\alpha(q)} \tag{13.12}$$

の関係から得られる.指数 $-f(\alpha) + q\alpha$ を

$$-f(\alpha(q)) + q\alpha(q) - \frac{1}{2}(\alpha - \alpha(q))^2 \left(\frac{\mathrm{d}^2 f(\alpha)}{\mathrm{d}\alpha^2}\right)_{\alpha=\alpha(q)} + \cdots \tag{13.13}$$

と展開すると,(13.11) 式は

$$Z_\ell(q) \simeq \rho(\alpha(q))\ell^{-f(\alpha(q))+q\alpha(q)} \int \ell^{-\frac{1}{2}(\alpha-\alpha(q))^2 \left(\frac{\mathrm{d}^2 f(\alpha)}{\mathrm{d}\alpha^2}\right)_{\alpha=\alpha(q)}} \mathrm{d}\alpha \tag{13.14}$$

と評価される.ただし,残された積分が有限になるためには

$$\left(\frac{\mathrm{d}^2 f(\alpha)}{\mathrm{d}\alpha^2}\right)_{\alpha=\alpha(q)} < 0 \tag{13.15}$$

でなければならないことに注意する.(13.14) 式を (13.3) 式に代入すると,

$$\tau(q) = q\alpha(q) - f(\alpha(q)) \tag{13.16}$$

が導かれる.すなわち,$f(\alpha)$ スペクトラムが与えられると,(13.12),(13.16)

13.2 $f(\alpha)$ スペクトラム

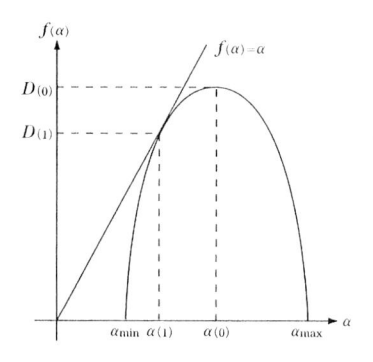

図 13.3 $f(\alpha)$ スペクトラム

式より $D(q) = \tau(q)/(q-1)$ が求められる.

一般には $f(\alpha)$ スペクトラムを直接求めることは困難であることが多い. しかし, ルジャンドル変換によって

$$\alpha(q) = \frac{d\tau(q)}{dq} \tag{13.17}$$

$$f(\alpha(q)) = q\alpha(q) - \tau(q) \tag{13.18}$$

と, q を媒介変数として表すことができる. (13.17) 式は, (13.16) 式より

$$\frac{d\tau}{dq} = \frac{\partial \tau}{\partial q} + \frac{\partial \tau}{\partial \alpha}\frac{d\alpha}{dq} = \alpha + \left(q - \frac{df}{d\alpha}\right)\frac{d\alpha}{dq} = \alpha \tag{13.19}$$

であるから成立することがわかる. また, $\alpha(q) \geq 0$ であるから, $\tau(q)$ は q の増加関数でなければならない.

$f(\alpha)$ スペクトラムのおおまかな振る舞いは図 13.3 のようである. $f(\alpha)$ は一般に上に凸な連続関数で, $\alpha = \alpha(0)$ で最大値を取り, その値は $D(0) = d_B$ であることが, (13.12), (13.15), (13.16) 式より理解される. $f(\alpha)$ の定義域の下限 $\alpha_{\min}$ には $q \to \infty$ で, 上限 $\alpha_{\max}$ には $q \to -\infty$ で到達する. 通常は最大 (最小) の測度を有する部分集合は 1 点であるので, $f(\alpha_{\min}) = f(\alpha_{\max}) = 0$ である. さらに, α-f 平面において原点から $f(\alpha)$ へ接線を引くと, その接線の傾きは 1 で, 接点は $(\alpha = D(1), f(\alpha) = D(1))$ に等しいことがわかる.

また, サポートにおける測度分布が一様である特殊な場合は, $D(q) = d_B$ であるから $\tau(q) = (q-1)d_B$, したがって, $f(\alpha)$ スペクトラムは $f(d_B) = d_B$

の一点である. 逆にいえば, 多重フラクタル図形は $D(\infty) \leq D(q) \leq D(-\infty)$ の巾をもったフラクタル次元を有しているのである. ここで,

$$D(\infty) = \alpha_{\min}, \qquad D(-\infty) = \alpha_{\max} \qquad (13.20)$$

の関係があることは, $f(\alpha(q))$ が有限であることに注意すれば (13.16) 式から導かれる.

13.3 熱統計力学的形式

多重フラクタル次元は図形の解析への直接的な適用ばかりでなく, その形式が統計力学と等価になっていることから, 図形解析への深い洞察を期待させる. この節では熱統計力学との形式的関係を議論する. 熱統計力学のよい復習になる.

理解しやすいと思われるので, 実用的ではないが長さ 1 の 1 次元図形を考える. 多次元への展開は容易である. 図形におけるセルの番号 i を次のように読み換える. 図形のセルへの分割を 2 分割を n 回繰り返して構成するものとする. したがって, n ステップにおけるセルの大きさは $\ell = 2^{-n}$ である. 各セルの番号 i を, 変数 $s_k = \pm 1 (k = 1, 2, \cdots, n)$ を用いて, $i = \{s\} = \{s_1, s_2, \cdots, s_n\}$ と表す. 例えば $n = 2$ の場合, 幅 $(1/2)^2$ のセルを 1 次元図形の左から順に $(1,1), (1,-1), (-1,1), (-1,-1)$ と並べる. いい換えると左から順にアドレス (s_1, s_2) を割り当てる. 添字 k が分割のステップ数を表している. 高次元の図形に対しては, 多成分のベクトルに拡張すればよい. $p_\ell(i)$ を $P_n(\{s\})$ と書き, 添字 ℓ を n に変えて,

$$\mathcal{H}(\{s\}) = -\log P_n(\{s\}) \qquad (13.21)$$

を導入すると, 分配関数は

$$Z_n(q) = \sum_{\{s\}} \exp[-q\mathcal{H}(\{s\})] \qquad (13.22)$$

と統計力学における n 粒子からなる系の分配関数と同じ形に書かれる. ただし, 逆温度にあたる q が負の値を取りうるところが異なる. $\tau(q)$ は

$$\tau(q) = \frac{1}{\log(1/2)} \lim_{n\to\infty} n^{-1} \log Z_n(q) \tag{13.23}$$

で与えられる．(13.21) 式で定義されたハミルトニアンが連続スペクトラムのエネルギー E をもつと仮定すると，和 $\sum_{\{s\}}$ を積分に書き換えて分配関数は

$$Z_n(q) = \int \Omega(E) e^{-qE} dE \tag{13.24}$$

と表される．ここで，$\Omega(E)$ は状態密度で，$\Omega(E) = \sum_{\{s\}} \delta(\mathcal{H}(\{s\}) - E)$ で定義される．エントロピー $S(E)$ とは，ボルツマン定数を 1 とおいて $S(E) = \log \Omega(E)$ の関係がある．分割のステップ数 n が十分大きいとき，積分は (13.11) 式と同じように被積分関数が鋭いピークをもつので，

$$Z_n(q) \simeq \exp[S(E^*(q)) - qE^*(q)] \tag{13.25}$$

と評価される．ここで，$E^*(q)$ は $dS(E)/dE|_{E=E^*(q)} = q$ の関係をみたす q の関数であるが，平均エネルギー $\langle E \rangle = Z_n(q)^{-1} \sum_{\{s\}} \mathcal{H}(\{s\}) \exp[-q\mathcal{H}(\{s\})]$ と等しいことは明らかである．自由エネルギー $F(q)$ を

$$F(q) = E^*(q) - q^{-1} S(E^*(q)) \tag{13.26}$$

と定義する．(13.22)〜(13.26) 式を前節における式と見比べると

$$\alpha(q) = \frac{\langle E \rangle}{n \log 2}, \qquad f(\alpha) = \frac{S(E)}{n \log 2}, \qquad \tau(q) = \frac{qF(q)}{n \log 2} \tag{13.27}$$

の関係が成立することがわかる．このように，多重フラクタルは熱統計力学と全く等価に定式化されているのである．

13.4 二項分枝過程

多重フラクタルの最も簡単な例として，多くの応用がある二項分枝過程を取り上げよう．前節で行ったように $[0,1]$ にある 1 次元図形を考え，2 分割を繰り返す．このとき，左半分には，測度（確率）p を，右半分には $1-p$ を割り当てる．例えば，$n=2$ ステップでは左から，p^2, $p(1-p)$, $(1-p)p$, $(1-p)^2$ の

(a) $n=5$

(b) $n=11$

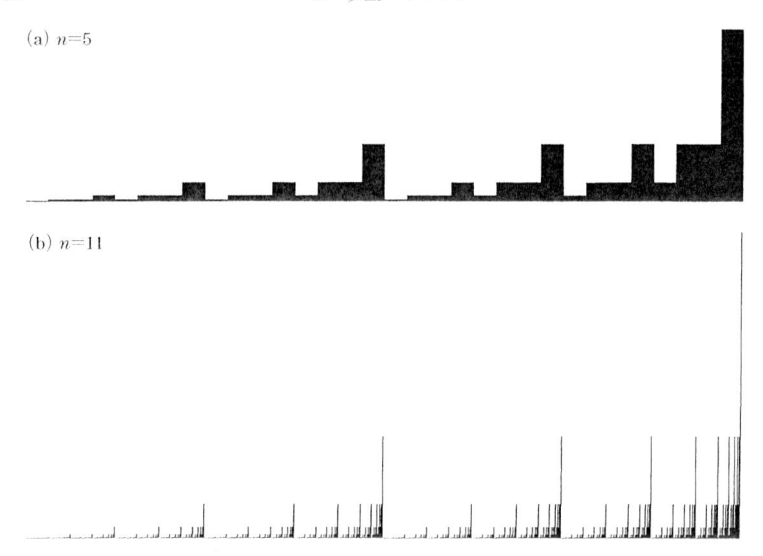

図 13.4 二項分枝過程による測度分布
(a) $n=5$, (b) $n=11$ (ただし $p=0.25$).

測度が与えられ，セルの大きさは $\ell=(1/2)^2=1/4$ である．一般に，n ステップではセルの大きさが $\ell=2^{-n}$ で，測度が $p^k(1-p)^{n-k}$ $(k=0,1,2,\cdots,n)$ となるセルの数は ${}_n\mathrm{C}_k=n!/k!(n-k)!$ と与えられる．$p=0.25$ として $n=5$，および $n=11$ ステップまで分割した場合の測度分布を図 13.4 に示した．分配関数 (13.1) 式は，上述した事実より

$$Z_\ell(q) = \sum_{k=0}^n {}_n\mathrm{C}_k [p^k(1-p)^{n-k}]^q = [p^q+(1-p)^q]^n \tag{13.28}$$

と正確に計算できる．したがって，$\tau(q)$ は

$$\tau(q) = \frac{\log[p^q+(1-p)^q]}{\log(1/2)} \tag{13.29}$$

と得られ，(13.17) 式に代入して，

$$\alpha(q) = \frac{p^q \log p + (1-p)^q \log(1-p)}{[p^q+(1-p)^q]\log(1/2)} \tag{13.30}$$

が求められる．$\xi = p^q/[p^q+(1-p)^q]$ $(0 \le \xi \le 1)$ を導入すると，

13.4 二項分枝過程

[図: $f(\alpha)$ スペクトラムのグラフ]

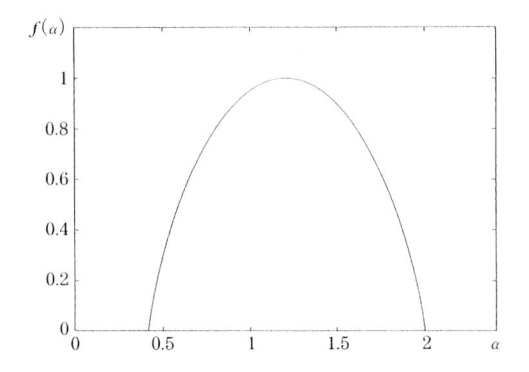

図 13.5 二項分枝過程による $f(\alpha)$ スペクトラム ($p = 0.25$)

$$\alpha = \frac{\xi \log p + (1-\xi) \log(1-p)}{\log(1/2)} \tag{13.31}$$

$$f(\alpha) = \frac{\xi \log \xi + (1-\xi) \log(1-\xi)}{\log(1/2)} \tag{13.32}$$

となる. 図 13.5 に示されているこの結果を詳しく検討してみよう. $0 < p < 1/2$ と仮定するが, $1/2 < p < 1$ でも同様である. まず, $f(\alpha)$ の頂点は $\xi = 1/2$, すなわち, $q = 0$ で, $f(\log p(1-p)/2\log(1/2)) = 1$ であることが, (13.31), (13.32) 式よりわかる. サポートは $[0,1]$ の線分であるからその次元は $D(0) = d_B = 1$ である. 次に $f(\alpha)$ の定義域を求める. $q \to \infty(-\infty)$ で $\xi \to 0(1)$ であるから, ただちに $\alpha_{\min} = \log(1-p)/\log(1/2)$ ($\alpha_{\max} = \log p/\log(1/2)$) が得られる. このとき $f(\alpha_{\max}) = f(\alpha_{\min}) = 0$ である. 一方, 多重フラクタル次元の $q \to \pm\infty$ 極限における値は (13.29) 式より $D(\infty) = \alpha_{\min}$, $D(-\infty) = \alpha_{\max}$ となる. この結論が一般的に成立することは, (13.20) 式で示した. 最後に, 情報次元 $D(1)$ を求める. $D(1)$ が α–f 平面上における原点を通る勾配 1 の直線と $f(\alpha)$ との接点であることを思い出そう. $q = 1$ では $\xi = p$ であるから, $D(1) = \alpha(1) = f(1) = \{p \log p + (1-p) \log(1-p)\}/\log(1/2)$ と得られる.

二項分枝過程では単純さのために $f(\alpha)$ スペクトラムを直接求めることができる. n ステップにおける各セルの測度は, 二項分枝過程で何回測度 p が選ばれたかの回数で決まっている. いま, その回数を $k = \xi' n$ とすると, $\ell = (1/2)^n$ であるので定義 (13.9) 式より

$$p^k(1-p)^{n-k} = \left(\frac{1}{2}\right)^{n\alpha} \tag{13.33}$$

と表される．この式を変形すると，$\xi' = \xi$ とおいて (13.31) 式と一致することがわかる．一方，この α 値をもつセルの数は $_nC_k = n!/k!(n-k)!$ であるから，

$$_nC_k = \rho(\alpha)\left(\frac{1}{2}\right)^{-nf(\alpha)} \tag{13.34}$$

の関係が成立する．(13.32) 式を導くために，$n \to$ 大において成立するスターリングの公式

$$\log n! \simeq n\log n - n \tag{13.35}$$

を適用する．スターリングの公式は，近似式

$$\log n! = \sum_{k=1}^{n}\log k \simeq \int_{1}^{n}\log x\,\mathrm{d}x \tag{13.36}$$

から得られる．ここでも $\xi' = \xi$ である．

少し変化をつけた別の例を取り上げよう．今度は線分 $[0,1]$ を 3 等分に分割する．測度は中央部分に p_1，左右の二つの部分にそれぞれ $p_2 \equiv (1-p_1)/2$ を割り当てる．途中の計算は省略して結論だけ書くと，

$$\tau(q) = (q-1)D(q) = \frac{\log(p_1^q + 2p_2^q)}{\log(1/3)} \tag{13.37}$$

$$\alpha(q) = \frac{1}{\log(1/3)}\{\xi''\log p_1 + (1-\xi'')\log p_2\} \tag{13.38}$$

$$f(\alpha(q)) = \frac{1}{\log(1/3)}\left\{\xi''\log\xi'' + (1-\xi'')\log\left(\frac{1-\xi''}{2}\right)\right\} \tag{13.39}$$

となる．ここで，

$$\xi'' = \frac{p_1^q}{p_1^q + 2p_2^q} \qquad (0 \leq \xi'' \leq 1) \tag{13.40}$$

である．この例の特徴的な点は図 13.6 に描かれているように，$f(\alpha_{\max})$ が 0 でないところである．$f(\alpha_{\max}) = \log 2/\log 3$ は 3 分割カントール集合のフラクタル次元である．

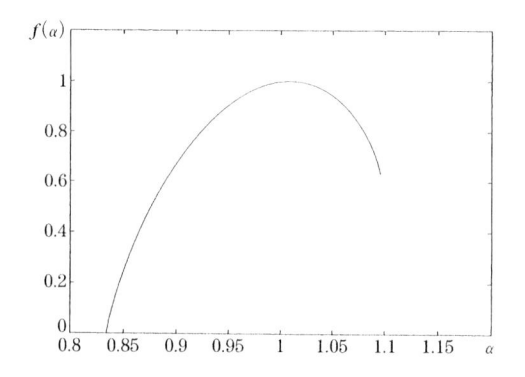

図 13.6　三分枝過程に対する $f(\alpha)$ スペクトラム ($p_1 = 0.4$)

13.5　DLA クラスターの成長確率に対する多重フラクタル次元

多重フラクタル次元の適用に相応しい対象として DLA クラスターを取り上げる．DLA クラスターはそれ自身がフラクタルであるが，それ以外にも無限のフラクタルが潜んでいる．図 13.7 を見てみよう．8 章で述べたように，DLA は顕著な遮蔽効果があり，できあがったクラスターの内部へは粒子がなかなか入り込めない．図 13.7 は，30000 個の粒子からできているクラスター成長にあ

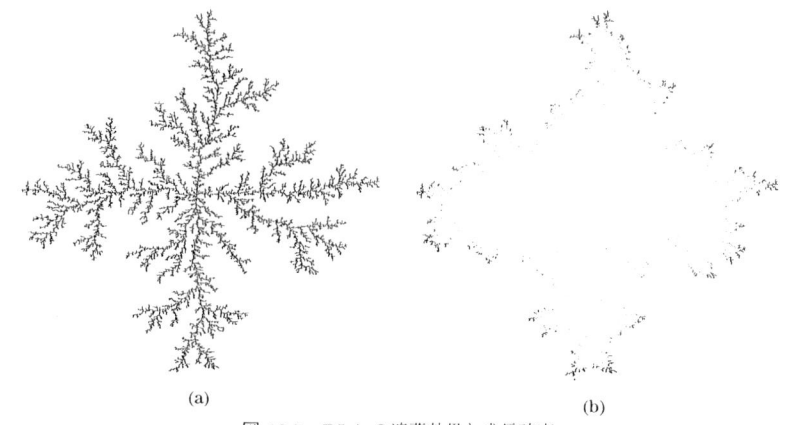

(a)　(b)

図 13.7　DLA の遮蔽効果と成長確率
DLA クラスター (a) における成長確率の空間分布 (b).

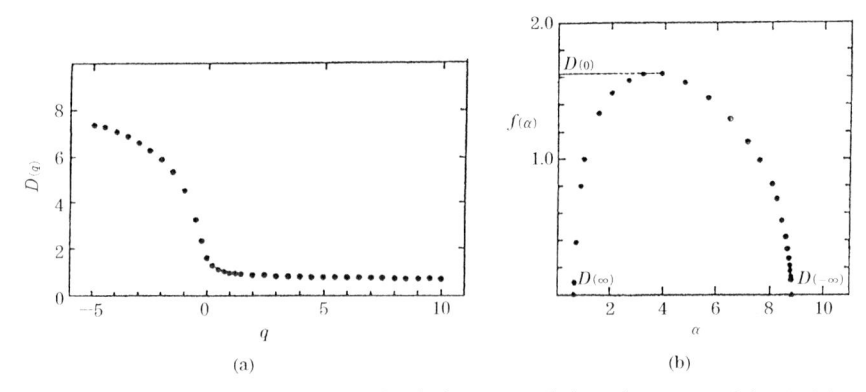

図 13.8　DLA クラスターの調和測度に対する多重フラクタル次元 (a) と $f(\alpha)$ スペクトラム (b)

たって,最終 3000 個の粒子がどこに付着したかを印して描かれた.すなわち,成長確率のパターンを表している.こうしてできた図形は単一のフラクタルでは表されないほど複雑である.この例では,DLA クラスターがサポートで,成長確率が測度であり,特に調和測度と呼ばれる.

　DLA の調和測度に関する多重フラクタル次元の計算を精度よく行うためには,非常に小さい調和測度までカウントしなければならない.そのためには 8 章で説明したラプラス方程式の数値解析の方が効率的である.図 13.8 は,ラプラス方程式の数値解析によって 10^{-14} の精度まで $p_\ell(i)$ を計算することによって得られた.上で述べた「観測」に対比すると,10^{14} 回粒子を飛ばすことに相当し,とても実行は不可能である.これだけの精度を保証して 13.1, 13.2 節で説明した諸性質と矛盾しない合理的な結果が導かれたのである.

A 完備距離空間における縮小写像

3章で図形の列を論じて,自己相似性の数学的根拠とした.その際に依拠したのが表題にあげた「完備距離空間における縮小写像」の原理である.ここではこの原理の説明をする.

A.1 距 離 空 間

ある想定されている集合(空間)X が完備距離空間であることとはどういうことか.まず,空間の要素の間の遠近が議論できるように距離を定義しなければならない.

集合(空間)X の要素(元)を $x, y \in X$ とし,なんらかの方法で次の性質を満たす実数 $d(x, y)$ を定義する.

1) $d(x, y) \geq 0$ 　　(等号は $x = y$ の場合で,その場合に限る)
2) $d(x, y) = d(y, x)$
3) $d(x, y) \leq d(x, z) + d(z, y)$

このような $d(x, y)$ を「距離」といい,距離が定義される集合 X を「距離空間」という.第3の性質はいわゆる三角不等式(一辺の長さは他の2辺の長さの和より短い)である.例を考えるとわかりやすい.X が実数 $\boldsymbol{R}$ であれば2数の差の絶対値 $d(x,y) = |x-y|$ が,X が2次元平面であれば2点,$\mathrm{P}(x,y)$,$\mathrm{Q}(u,v)$ に対してユークリッド距離 $d(\mathrm{P}, \mathrm{Q}) = \sqrt{(x-u)^2 + (y-v)^2}$ が距離となる.また,$d_1(\mathrm{P}, \mathrm{Q}) = |x-u| + |y-v|$ も距離になる.

A.2 数列の収束

数列 $x_0, x_1, x_2, \cdots$ を集合 X からの要素の列，x_∞ を X のある要素とする．そして，もし

$$\lim_{n\to\infty} x_n = x_\infty \tag{A.1}$$

であれば，数列 $x_0, x_1, x_2, \cdots$ は収束して x_∞ を数列の極限という．収束の数学的な定義は，どんな（に小さな）正数 ε に対しても，自然数 m が存在して，$n \geq m$ を満たす（十分大きな）全ての自然数 n に対して

$$d(x_n, x_\infty) < \varepsilon \tag{A.2}$$

となるときをいう．当然 m は，ε が小さければそれだけ大きくなる．その数列がコーシー列であるとは，任意の $\varepsilon > 0$ に対して数列内の任意の 2 要素 x_i, x_j の距離が

$$d(x_i, x_j) < \varepsilon \qquad (i, j \geq m) \tag{A.3}$$

となる自然数 m が見出されることである．数列 $x_0, x_1, x_2, \cdots$ が収束すれば，数列 $x_0, x_1, x_2, \cdots$ はコーシー列をなす．なぜならば，(A.2) 式より，任意の ε に対し，m が存在して，$d(x_i, x_\infty) < \varepsilon/2$, $d(x_j, x_\infty) < \varepsilon/2$ がすべての $i \geq m$, $j \geq m$ に対して成立する．したがって，距離 $d(x,y)$ の定義の 2), 3) より

$$d(x_i, x_j) \leq d(x_i, x_\infty) + d(x_j, x_\infty) < \frac{\varepsilon}{2} + \frac{\varepsilon}{2} = \varepsilon \tag{A.4}$$

の不等式が満足され，コーシー列となる．逆に，コーシー列をなせばその数列は収束する．

A.3 完備な距離空間

集合 X の任意のコーシー列がその極限を要素内に含む場合，その集合を「完備距離空間」という．本文で，図形の数列とその極限を考察するが，その場合にどのように数列を選ぼうと極限が内部にあることが保証されている完備距離空間を用意しておくのである．

さて，次の課題はいかに便利な数列を構成するかである．

A.4 縮小写像による数列の収束

任意の $x, y \in X$ に対して

$$d(f(x), f(y)) \leq c d(x, y) \tag{A.5}$$

となる $c\,(0 \leq c < 1)$ が存在する写像 $f: X \to X$ を縮小写像という．この写像によって空間内の 2 要素の距離は確実に近くなる．したがって，写像の連続性は明らかである．この写像 $x_{n+1} = f(x_n)$ を任意の初期値 x_0 に適用してつくられる数列 $x_0, x_1, x_2, \cdots$ を考える．

この無限数列に対して次の定理が成立する．

1) 初期値 x_0 が何であろうとも，$\lim_{n \to \infty} x_n = x_\infty$ が存在する．
   簡単に証明する．全ての $n = 0, 1, 2, \cdots$ に対して

$$\begin{aligned} d(x_n, x_{n+1}) &= d(f(x_{n-1}), f(x_n)) \leq c d(x_{n-1}, x_n) \\ &\leq c^2 d(x_{n-2}, x_{n-1}) \leq \cdots \leq c^n d(x_0, x_1) \end{aligned} \tag{A.6}$$

が成り立つ．さらに，三角不等式より

$$d(x_n, x_\infty) \leq \sum_{k=n}^{\infty} d(x_k, x_{k+1}) \tag{A.7}$$

であるから，(A.6) 式の結果と合わせて

$$d(x_n, x_\infty) \leq d(x_0, x_1) \sum_{k=n}^{\infty} c^k = d(x_0, x_1) \frac{c^n}{1 - c} \tag{A.8}$$

が得られる．したがって，与えられた ε に対して $d(x_m, x_\infty) < \varepsilon$ となる m が存在するから ($n \geq m$ を満たす m を大きくすれば右辺をいくらでも小さくできるので) 数列は収束する．数列 $x_0, x_1, x_2, \cdots$ が収束すれば，その数列はコーシー列をなす．

2) x_∞ は，固定点 $f(x_\infty) = x_\infty$ であり，ただ一つ存在する．
   これは「x_∞ は写像 f のもとで不変である」とも表現できる．この事実は

$$f(x_\infty) = f(\lim_{n \to \infty} x_n) = \lim_{n \to \infty} f(x_n) = \lim_{n \to \infty} x_{n+1} = x_\infty \tag{A.9}$$

であることから証明される．途中で行った $\lim_{n \to \infty}$ と写像 $f(\cdot)$ との順序の交換は写像 f の連続性により許される．$f(x)$ は縮小写像であるから，$f(x) = x$ の解はただ一つである．

これで，完備距離空間を用意し，その中で縮小写像が定義できれば空間内のどこから出発しても，空間内の唯一の決まった要素に必ず収束することが証明された．さらに，その要素はそれ以上変化せず不変に留まることもわかった．ここではあたかも数列のように扱ったが，完備距離空間であれば，要素は数に限らない点が重要である．したがって，本文では図形の列に適用できたのである．

B 大数の法則と中心極限定理

ランダムな要素を含む現象を解析する場合の基本的な数学定理である「大数の法則」と「中心極限定理」を簡便な形で説明する．初心者に直観的な理解をうながすためのもので，厳密ではない．不満足な読者はしかるべき数学の教科書で補ってもらいたい．なお，同じ記号 μ や σ が使われているが，各節ごとにその意味が定義されているので注意されたい．

B.1 準 備

以下の議論に必要な最小限の準備をする．

確率変数 X に対する確率が，

$$P_r(-\infty \leq X \leq x) = \int_{-\infty}^{x} p(x)\mathrm{d}x \tag{B.1}$$

のように連続な関数 $p(x)$ によって与えられる場合を考える．$p(x)$ を確率変数 X に対する確率密度という．確率分布と称されることもある．確率を与えるのであるから，$p(x) \geq 0$, $\int_{-\infty}^{\infty} p(x)\mathrm{d}x = 1$（規格化条件）である．

二つの確率変数 X, Y に対して，X は x 以下の値を取り，Y は y 以下の値を取る確率が

$$P_r(-\infty \leq X \leq x, -\infty \leq Y \leq y) = \int_{-\infty}^{x} \int_{-\infty}^{y} p(x,y)\mathrm{d}x\mathrm{d}y \tag{B.2}$$

と与えられるとき，$p(x,y)$ を確率変数 X, Y の同時確率密度という．二つの確率変数 X, Y が互いに独立な場合は，

$$P_r(-\infty \leq X \leq x, -\infty \leq Y \leq y) = P_r(-\infty \leq X \leq x)P_r(-\infty \leq Y \leq y) \tag{B.3}$$

が, すなわち, $p(x,y) = p(x)p(y)$ が成立する.

任意の関数 $f(x)$ に対して,

$$\langle f(X) \rangle = \int_{-\infty}^{\infty} f(x)p(x)\mathrm{d}x \tag{B.4}$$

を $f(X)$ の期待値という. 特に, $\langle X \rangle$ を確率変数 X の平均値, $\langle (X - \langle X \rangle)^2 \rangle = \langle X^2 \rangle - \langle X \rangle^2$ を分散という.

$\mathrm{e}^{\theta X}$ の期待値を θ の関数と考え,

$$M(\theta) = \left\langle \mathrm{e}^{\theta X} \right\rangle = \int_{-\infty}^{\infty} \mathrm{e}^{\theta x} p(x)\mathrm{d}x \tag{B.5}$$

を確率変数 X のモーメント母関数という. 規格化条件より $M(0) = 1$ である. さらに, $M'(\theta) = \mathrm{d}M(\theta)/\mathrm{d}\theta$, $M''(\theta) = \mathrm{d}^2 M(\theta)/\mathrm{d}\theta^2$ として

$$\langle X \rangle = M'(0), \qquad \langle (X - \langle X \rangle)^2 \rangle = M''(0) - \{M'(0)\}^2 \tag{B.6}$$

であることがわかる. 二つの確率変数 X, Y が互いに独立であれば, それらの和 $X+Y$ のモーメント母関数は X のモーメント母関数と Y のモーメント母関数の積に等しい.

B.2 正規分布

代表的で最もよく登場する確率分布が正規分布である. 物理学の文献ではガウス分布と呼ばれることが多い. その確率密度は

$$p(x) = \frac{1}{\sqrt{2\pi}\sigma} \mathrm{e}^{-(x-\mu)^2/2\sigma^2} \tag{B.7}$$

と表され, 図 B.1 にその概略図が与えられている. 頂点は $x = \mu$ に位置し, 二つの変曲点の間の距離は 2σ である. この正規分布を記号 $N(\mu, \sigma^2)$ で表す.

モーメント母関数

$$M(\theta) = \langle \mathrm{e}^{\theta X} \rangle = \int_{-\infty}^{\infty} \mathrm{e}^{\theta x} \frac{1}{\sqrt{2\pi}\sigma} \mathrm{e}^{-(x-\mu)^2/2\sigma^2} \mathrm{d}x \tag{B.8}$$

は, $u = (x-\mu)/\sigma - \sigma\theta$ と変数変換することによって

$$M(\theta) = \mathrm{e}^{\mu\theta + \sigma^2 \theta^2/2} \tag{B.9}$$

と計算される. ここで有名な積分公式

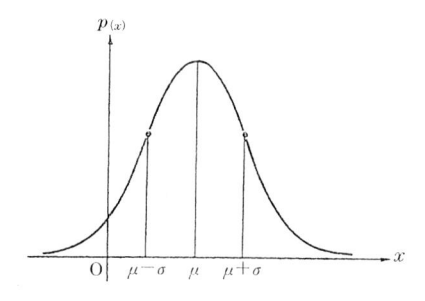

図 B.1　正規分布

$$\int_{-\infty}^{\infty} e^{-u^2/2} du = \sqrt{2\pi} \tag{B.10}$$

を用いた．これから確率変数 X の平均値と分散は，(B.6) 式によって

$$\langle X \rangle = \mu, \qquad \langle (X - \langle X \rangle)^2 \rangle = \sigma^2 \tag{B.11}$$

と与えられることがわかる．もちろん，モーメント母関数を経ずに定義を直接計算しても上の結果は得られる．

確率変数 X を $U = (X - \mu)/\sigma$ と変換することによって，平均値 0，分散 1 の正規分布が得られる．これを特に標準正規分布といい，そのモーメント母関数は

$$M(\theta) = e^{\theta^2/2} \tag{B.12}$$

となる．標準正規分布の記号は $N(0, 1)$ である．

B.3　チェビシェフの定理

定理　平均値が μ，分散が σ^2 である確率変数 X に対して，

$$P_r(|X - \mu| \geq k\sigma) \leq \frac{1}{k^2} \tag{B.13}$$

が成立する．ここで，k は任意の正の定数である．

証明　証明は簡単で

$$\sigma^2 = \int_{-\infty}^{\infty} (x-\mu)^2 p(x) dx \geq \int_{|x-\mu| \geq k\sigma} (x-\mu)^2 p(x) dx$$
$$\geq k^2 \sigma^2 \int_{|x-\mu| \geq k\sigma} p(x) dx = k^2 \sigma^2 P_r(|X - \mu| \geq k\sigma) \tag{B.14}$$

の不等式が成立するから,最右辺と最左辺を $k^2\sigma^2$ で割って与式が得られる.

平均値から標準偏差の k 倍離れる確率は $1/k^2$ より小さい. $k=3$ とすると,平均値から 3σ 以上離れる確率はわずかに 11%以下である.このチェビシェフの定理の証明には,確率変数 X に対する確率分布をなんら仮定していないことに留意しよう.有限の平均値と分散が存在すればよいので適用範囲は非常に広いといえる.ただ,フラクタル科学には分散が発散することがよくあるので注意が必要である.

B.4 大 数 の 法 則

有限で全て等しい平均値 μ と分散 σ^2 をもつ,互いに独立な確率変数の組 $\{X_1, X_2, \cdots, X_N\}$ を考える.その算術平均

$$S = \frac{1}{N}\sum_{i=1}^{N} X_i \tag{B.15}$$

にチェビシェフの定理を応用する.そのためには,S の平均値 $\langle S \rangle$ と分散 $\langle (S-\langle S \rangle)^2 \rangle = \langle S^2 \rangle - \langle S \rangle^2$ を求めねばならない.

単純な計算ではあるが,いささかの準備をしよう.定義から $\langle X_i \rangle = \mu$,$\langle (X_i-\mu)^2 \rangle = \sigma^2$ であるから,

$$\langle X_i^2 \rangle = \mu^2 + \sigma^2$$

である.異なる対 $i \neq j$ に対しては $\{X_1, X_2, \cdots, X_N\}$ が互いに独立であるので

$$\langle X_i X_j \rangle = \langle X_i \rangle \langle X_j \rangle = \mu^2 \tag{B.16}$$

となる.S の平均値は

$$\langle S \rangle = \frac{1}{N}\left\langle \sum_{i=1}^{N} X_i \right\rangle = \frac{1}{N}\sum_{i=1}^{N}\langle X_i \rangle = \mu \tag{B.17}$$

である.S の分散を求めるために,まず $\langle S^2 \rangle$ を計算すると,

$$\begin{aligned}\langle S^2 \rangle &= \left\langle \left(\frac{1}{N}\sum_{i=1}^{N} X_i\right)^2 \right\rangle = \frac{1}{N^2}\sum_{i=1}^{N}\sum_{j=1}^{N}\langle X_i X_j \rangle \\ &= \frac{1}{N^2}\sum_{i=1}^{N}\langle X_i^2 \rangle + \frac{1}{N^2}\sum_{i=1}^{N}\sum_{j=1(\neq i)}^{N}\langle X_i X_j \rangle \\ &= \frac{1}{N}(\sigma^2 + \mu^2) + \left(1-\frac{1}{N}\right)\mu^2 \end{aligned} \tag{B.18}$$

が得られる．したがって，

$$\langle S^2 \rangle - \langle S \rangle^2 = \frac{1}{N}(\sigma^2 + \mu^2) + \left(1 - \frac{1}{N}\right)\mu^2 - \mu^2 = \frac{\sigma^2}{N} \tag{B.19}$$

が結論される．

これらの結果を用いて，チェビシェフの定理 (B.13) 式に適用すると，

$$P_r\left(|S - \mu| \geq \frac{k\sigma}{\sqrt{N}}\right) \leq \frac{1}{k^2} \tag{B.20}$$

が成立することがわかる．ここで，$\varepsilon = k\sigma/\sqrt{N}$ を定義すると，最終的に

$$P_r(|S - \mu| \geq \varepsilon) \leq \frac{\sigma^2}{\varepsilon^2 N} \tag{B.21}$$

と表現できる．この結論は，N を非常に大きく取ることによって，任意の ε に対して，算術平均 S が平均値 μ から ε だけ離れる確率を限りなく 0 に近づけられることを意味している．いい換えると，算術平均の確率分布はその平均値のまわりに非常に鋭いピークをもっているのである．

大数の法則の成立条件は，「平均値と分散が存在する確率変数が互いに独立である組」に対してであることを確認しておこう．やはり，フラクタル科学では，独立性が成り立たないことがときどき起こるので注意が必要である．

B.5 中心極限定理

大数の法則では究極の確率分布の形がどのようであるかを知ることはできなかったが，中心極限定理は確率分布についての知識を与える．

定理 有限で全て等しい平均値 μ と分散 σ^2 をもつ，互いに独立な確率変数の組 $\{X_1, X_2, \cdots, X_N\}$ の算術平均 $S = (1/N)\sum_{i=1}^{N} X_i$ を標準化した確率変数

$$U = \frac{S - \mu}{\sigma/\sqrt{N}} \tag{B.22}$$

は，$N \to \infty$ の極限において標準正規分布 $N(0,1)$ をなす．

証明 $Y_i = (X_i - \mu)/\sigma$ とおき，全ての i $(i = 1, 2, \cdots, N)$ について共通な Y_i のモーメント母関数を $M(\theta)$ とする．Y_i は平均値 0，分散 1 であることから

$$M(0) = 1, \quad M'(0) = 0, \quad M''(0) = 1 \tag{B.23}$$

である．ところで

$$U = \frac{\sum_i (X_i - \mu)}{\sigma\sqrt{N}} = \frac{1}{\sqrt{N}}(Y_1 + Y_2 + \cdots + Y_N) \tag{B.24}$$

である.$(1/\sqrt{N})Y_i$ のモーメント母関数は $M(\theta/\sqrt{N})$ となることに留意すれば,U のモーメント母関数 $M_U(\theta)$ は,確率変数の組 $\{Y_1, Y_2, \cdots, Y_N\}$ は互いに独立なので

$$M_U(\theta) = \left\{ M\left(\frac{\theta}{\sqrt{N}}\right) \right\}^N \tag{B.25}$$

と表される.$M(\theta/\sqrt{N})$ を 2 次までテイラー展開して,(B.23) 式を用いると

$$M\left(\frac{\theta}{\sqrt{N}}\right) = 1 + \frac{1}{2}\frac{\theta^2}{N}M''(\xi) \tag{B.26}$$

が得られる.ただし,$0 < \xi < \theta/\sqrt{N}$ である.(B.25) 式から

$$M_U(\theta) = \left\{ 1 + \frac{1}{2}\frac{\theta^2}{N}M''(\xi) \right\}^N \tag{B.27}$$

である.$N \to \infty$ のとき,$\xi \to 0$,$M''(\xi) \to 1$ であるから,有名な公式 $e = \lim_{n\to\infty}(1 + 1/n)^n$ を思い出して

$$\lim_{N\to\infty} M_U(\theta) = e^{\theta^2/2} \tag{B.28}$$

を得る.(B.28) 式の右辺は標準正規分布のモーメント母関数であり,確率変数 U の極限分布が $N(0,1)$ に従うことを示している.

この定理が実用的にも有用なのは,極限 $\lim_{N\to\infty}$ の収束が速くて N が小さくても十分

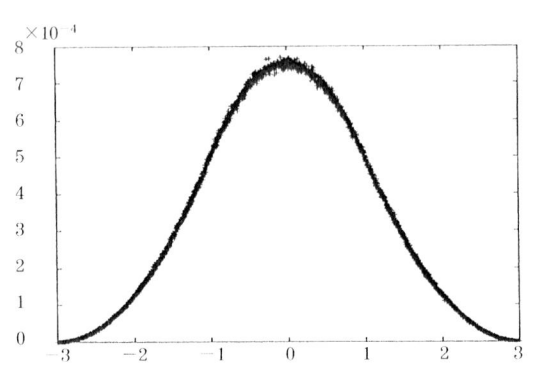

図 B.2 疑似正規分布

の精度が得られるところである．一様分布 $p(y) = 1(0 \leq y \leq 1)$ によって与えられる独立な確率変数の組 $\{Y_1, Y_2, Y_3\}$ の算術平均から，平均 $\langle U \rangle = 0$，分散 $\langle (U - \langle U \rangle)^2 \rangle = 1$ となるように調節した確率変数

$$U = 2(Y_1 + Y_2 + Y_3) - 3 \tag{B.29}$$

を考える．図 B.2 は，U を 10^7 回計算してその出現頻度から計算された確率分布である．正規分布の確率分布 $N(0,1)$ に非常に似通っていることが観察される．

C デルタ関数

本文中にもしばしば登場し，理論的にも重要な役割を果たすデルタ関数を説明する．デルタ関数は超関数の一つであり数学的な高度な準備を必要とするが，ここでは本文の内容を理解するために必要な点だけをわかりやすく説明する．

C.1 デルタ関数の性質

デルタ関数 $\delta(x)$ は直観的には $x \neq 0$ では 0 でありながら，$x = 0$ において無限大とみなされるような奇妙な関数である．もう少し数学的にはデルタ関数は次のヘビサイドの関数 $H(x)$ を原始関数としてもつ関数として定義される（図 C.1）．すなわち

$$H(x) = \begin{cases} 1 & (x \geq 0) \\ 0 & (x < 0) \end{cases} \tag{C.1}$$

を用いて

$$\int_{-\infty}^{x} \delta(y) \mathrm{d}y = H(x) \tag{C.2}$$

である．ゆえに

$$\delta(x) = 0 \quad (x \neq 0), \qquad \int_{-\infty}^{\infty} \delta(x) \mathrm{d}x = 1 \tag{C.3}$$

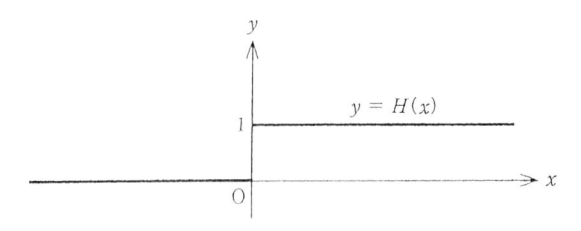

図 C.1 ヘビサイドの関数

の性質があることがわかる．

デルタ関数の重要な性質は，任意の関数 $\varphi(x)$ に対して

$$\int_{-\infty}^{\infty} \varphi(y)\delta(x-y)\mathrm{d}y = \varphi(x) \tag{C.4}$$

が成立することである．この関係は，

$$\begin{aligned}
\int_{-\infty}^{\infty} \varphi(y)\delta(x-y)\mathrm{d}y &= -\int_{-\infty}^{\infty} \varphi(y)\frac{\mathrm{d}H(x-y)}{\mathrm{d}y}\mathrm{d}y \\
&= -[\varphi(y)H(x-y)]_{-\infty}^{\infty} + \int_{-\infty}^{\infty} \frac{\mathrm{d}\varphi(y)}{\mathrm{d}y}H(x-y)\mathrm{d}y \\
&= \varphi(-\infty) + \int_{-\infty}^{x} \frac{\mathrm{d}\varphi(y)}{\mathrm{d}y}\mathrm{d}y = \varphi(x) \tag{C.5}
\end{aligned}$$

のように証明される．

また，

$$\int_{-\infty}^{\infty} \delta(ax)\mathrm{d}x = \frac{1}{\mid a \mid}\int_{-\infty}^{\infty} \delta(y)\mathrm{d}y \tag{C.6}$$

から

$$\delta(ax) = \frac{1}{\mid a \mid}\delta(x) \tag{C.7}$$

の関係が導かれる．したがって，$\delta(-x) = \delta(x)$ が成り立つので，デルタ関数は偶関数である．

C.2　デルタ関数への漸近

デルタ関数を適当な連続関数の極限として与えることは，デルタ関数の理解を容易にするばかりでなく，離散モデルと連続モデルの接続を考察するためにも有用である．

いま $\chi(x)$ を，無限回微分可能で，$\chi(x) \geq 0$，かつ規格化条件

$$\int_{-\infty}^{\infty} \chi(x)\mathrm{d}x = 1 \tag{C.8}$$

を満たす関数とするとき，

$$\lim_{\varepsilon \to 0} \varepsilon^{-1}\chi\left(\frac{x}{\varepsilon}\right) = \delta(x) \tag{C.9}$$

が成立する．簡単な証明を行う．

任意の関数 $\varphi(x)$ を用意し，

$$\left| \int_{-\infty}^{\infty} \left\{ \varepsilon^{-1} \chi\left(\frac{x}{\varepsilon}\right) - \delta(x) \right\} \varphi(x) \mathrm{d}x \right|$$

$$= \left| \int_{-\infty}^{\infty} \varepsilon^{-1} \chi\left(\frac{x}{\varepsilon}\right) \{\varphi(x) - \varphi(0)\} \mathrm{d}x \right| = \left| \int_{-\infty}^{\infty} \chi(y) \{\varphi(\varepsilon y) - \varphi(0)\} \mathrm{d}y \right|$$

$$= \left| \varepsilon \int_{-\infty}^{\infty} \chi(y) \left\{ \frac{\mathrm{d}\varphi(0)}{\mathrm{d}y} + O(\varepsilon) \right\} \mathrm{d}y \right| \tag{C.10}$$

となるから，$\varepsilon \to 0$ の極限で関数 $\varepsilon^{-1}\chi(x/\varepsilon)$ はデルタ関数と一致することがわかる．

$\chi(x)$ として本書に登場したものは，

$$\delta(x) = \lim_{\varepsilon \to 0} \frac{1}{\sqrt{2\pi\varepsilon}} \exp\left(-\frac{x^2}{2\varepsilon}\right) \tag{C.11}$$

であった．他に代表的な例をあげておく．

$$\delta(x) = \lim_{\varepsilon \to 0} \frac{1}{2\varepsilon} \mathrm{e}^{-|x|/\varepsilon} \tag{C.12}$$

$$\delta(x) = \lim_{\varepsilon \to 0} \frac{\varepsilon}{\pi} \frac{1}{x^2 + \varepsilon^2} \tag{C.13}$$

ここで，フーリエ変換で重要な役割を果たす恒等式

$$\delta(x) = \frac{1}{2\pi} \int_{-\infty}^{\infty} \mathrm{e}^{iqx} \mathrm{d}q \tag{C.14}$$

を導いておく．$\chi(x) = (1/2)\mathrm{e}^{-|x|}$ を選択し，積分公式

$$\frac{1}{2} \mathrm{e}^{-|x|} = \frac{1}{2\pi} \int_{-\infty}^{\infty} \frac{\mathrm{e}^{iyx}}{1 + y^2} \mathrm{d}y \tag{C.15}$$

を用い，

$$\frac{1}{\varepsilon} \chi\left(\frac{x}{\varepsilon}\right) = \frac{1}{2\pi\varepsilon} \int_{-\infty}^{\infty} \frac{\mathrm{e}^{iyx/\varepsilon}}{1 + y^2} \mathrm{d}y = \frac{1}{2\pi} \int_{-\infty}^{\infty} \frac{\mathrm{e}^{iqx}}{1 + (\varepsilon q)^2} \mathrm{d}q \tag{C.16}$$

と変形する．これに (C.12) 式を参照すると与式が得られる．

最後に，クロネッカの記号との関係を考察する．離散的な位置 $\{x_i\}$ が間隔 a で番号づけられていたとする．問題は，$a \to 0$ の極限におけるデルタ関数 $\delta(x)$ との関係である．クロネッカの記号は，

$$\delta_{i,j} = \begin{cases} 1 & (i = j) \\ 0 & (i \neq j) \end{cases} \tag{C.17}$$

である．

C.2 デルタ関数への漸近

二つの規格化条件

$$\sum_j \delta_{i,j} = 1, \qquad \int_{-\infty}^{\infty} \delta(x-y)\mathrm{d}y = 1 \qquad \text{(C.18)}$$

の比較から,積分の定義,$\lim_{a\to 0} a \sum_i f(x_i) = \int f(x)\mathrm{d}x$ に戻って,$a \to 0$ の極限で

$$a^{-1}\delta_{i,j} \to \delta(x-y) \qquad \text{(C.19)}$$

と漸近することが理解される.

D 次元解析と中間漸近の方法

ここでは，フラクタル科学において有用な理論的道具となる次元解析と中間漸近の方法を紹介する．

D.1 もう一つの次元

フラクタル科学における次元といえばフラクタル次元のことであるが，全く別種の次元が存在する．自然現象を記述する量には必ず次元と単位が付随している．方程式があればその両辺は数値ばかりでなく，次元も単位も等しい．長さを表すのには，単位として cm や feet を便利なように選ぶ．時間についても秒，時間，日，年，…やミリ秒，ピコ秒，…といくつかの単位が存在する．しかし，質量は長さや時間の単位をどのように組み合わせても表すことができない．このように考えれば長さ，質量，時間は独立な次元になることがわかる．それぞれの次元を L, M, T と表し，次元系と称する．熱現象や電磁気現象などを考慮しないとすれば，その他の物理量の次元は L, M, T の適当な組合せで表される．すなわち，独立な次元の数は 3 である．例えば，速度は LT^{-1}，加速度は LT^{-2} であるから力の次元 $[F]$ はニュートンの方程式

$$質量 \times 加速度 = 力 \tag{D.1}$$

より，$[F] = LMT^{-2}$ となる．重力加速度 g の次元は質量 m の質点に働く重力が mg であるから $[g] = LT^{-2}$ である．ここで，当然ではあるが，基本量（長さ，質量，時間）の単位を変えると現れる数値が異なることを注意しておく．

任意の物理量の次元は L, M, T のべき乗を掛け合わせた形になる．このことを一般的に示そう．物理量 a の次元を $[a]$ と記し，それが次元系 LMT に依存していることを

$$[a] = \phi(L, M, T) \tag{D.2}$$

と表す．そこで，元の次元系 LMT に適当な因子を掛けた別の次元系 $L_1M_1T_1$ と $L_2M_2T_2$ を用意する．すると物理量 a が取る数値はそれぞれの次元系で，$a_1 = a\phi(L_1, M_1, T_1)$, $a_2 = a\phi(L_2, M_2, T_2)$ となる．よって

$$\frac{a_2}{a_1} = \frac{\phi(L_2, M_2, T_2)}{\phi(L_1, M_1, T_1)} \tag{D.3}$$

である．

ところで $L_2M_2T_2$ 系は $L_1M_1T_1$ 系を元の系とみなすと，

$$a_2 = a_1 \phi\left(\frac{L_2}{L_1}, \frac{M_2}{M_1}, \frac{T_2}{T_1}\right) \tag{D.4}$$

となるから，結局 (D.3) 式と合わせて関数方程式

$$\frac{\phi(L_2, M_2, T_2)}{\phi(L_1, M_1, T_1)} = \phi\left(\frac{L_2}{L_1}, \frac{M_2}{M_1}, \frac{T_2}{T_1}\right) \tag{D.5}$$

が導かれる．

この関数方程式 (D.5) 式を解こう．両辺を L_2 で微分した後に，$L_2 = L_1 = L$, $M_2 = M_1 = M$, $T_2 = T_1 = T$ とおくと

$$\frac{1}{\phi(L, M, T)} \frac{\partial}{\partial L} \phi(L, M, T) = \frac{1}{L} \frac{\partial}{\partial L} \phi(1, 1, 1) \tag{D.6}$$

となる．右辺の $\partial \phi(1,1,1)/\partial L$ は，L, M, T のどれにも依存しない定数 ($= \alpha$ とおく) であるから，上式を解くと

$$\phi(L, M, T) = L^\alpha C_1(M, T) \tag{D.7}$$

が得られる．この結果を (D.5) 式に代入すると変数の数が一つだけ減った関数方程式

$$\frac{C_1(M_2, T_2)}{C_1(M_1, T_1)} = C_1\left(\frac{M_2}{M_1}, \frac{T_2}{T_1}\right) \tag{D.8}$$

が導かれる．同様な手続きを繰り返すことによって，結局

$$\phi(L, M, T) = L^\alpha M^\beta T^\gamma \tag{D.9}$$

とべき関数の積の形となることがわかる．ここで，$\phi(1,1,1) = 1$ を用いた．

独立な次元系として LMT を選ぶ必然性がないことは当然である．例えば，密度 ($[\rho] = ML^{-3}$), 速度 ($[v] = LT^{-1}$), 力 ($[F] = MLT^{-2}$) を選んでも独立な次元系となる．

D.2 次 元 解 析

与えられた問題において求めたい量 a が n 個の変数 $a_1, a_2, \cdots, a_n$ の関数として,

$$a = f(a_1, a_2, \cdots, a_k, a_{k+1}, \cdots, a_n) \tag{D.10}$$

と記述されるものとする. ただし, $a_1, a_2, \cdots, a_k$ が互いに独立な次元を有しているとする. これらを以下では「支配変数」と呼ぶ. したがって, 残りの変数 $a_{k+1}, a_{k+2}, \cdots, a_n$ の次元は, (D.9) 式より支配変数の次元を用いて次のように表されるはずである.

$$\begin{cases} [a_{k+1}] = [a_1]^{p_{k+1}} [a_2]^{q_{k+1}} \cdots [a_k]^{r_{k+1}} \\ \vdots \\ [a_n] = [a_1]^{p_n} [a_2]^{q_n} \cdots [a_k]^{r_n} \end{cases} \tag{D.11}$$

さらに, 従属変数 a の次元も支配変数の次元によって

$$[a] = [a_1]^p [a_2]^q \cdots [a_k]^r \tag{D.12}$$

と表すことができるはずである. もしそうできないとすると, a を含んだ $a, a_1, a_2, \cdots, a_k$ の次元が独立であることになる. 従って, $a_1, a_2, \cdots, a_k$ を不変にしたまま, そして (D.11) 式に従って $a_{k+1}, a_{k+2}, \cdots, a_n$ も不変にしたまま, a の単位を変え, その数値を変えられることを意味している. これは, a が $a_1, a_2, \cdots, a_n$ だけで決まるという (D.10) 式と矛盾する. こうして (D.12) 式が成立するようなパラメータ $p, q, \cdots, r$ が存在することが示される. 以上の考察に基づいて, 無次元の量を

$$\begin{cases} \Pi_1 = \dfrac{a_{k+1}}{a_1^{p_{k+1}} a_2^{q_{k+1}} \cdots a_k^{r_{k+1}}} \\ \vdots \\ \Pi_{n-k} = \dfrac{a_n}{a_1^{p_n} a_2^{q_n} \cdots a_k^{r_n}} \\ \Pi = \dfrac{a}{a_1^p a_2^q \cdots a_k^r} \end{cases} \tag{D.13}$$

のように定義する. (D.13) 式を用いて (D.10) 式を次のように書き直すことができる.

$$\Pi = F(a_1, a_2, \cdots, a_k, \Pi_1, \Pi_2, \cdots, \Pi_{n-k}) \tag{D.14}$$

なぜなら, 関数の形を適当に変えれば, 変数の組 $a_1, a_2, \cdots, a_k, a_{k+1}, \cdots, a_n$ を適当に組み合わせても構わないからである. 簡単な例では, $f(x, y) = x^3 y^4$, $g(x, y) = xy$

とすれば，$f(x,y) = g((xy)^2, xy^2)$ となることは自明であろう．

さて，無次元である量は独立な次元を有する $a_1, a_2, \cdots, a_k$ の次元の単位を変え，それらの数値を変えても不変であることに注意する．例えば $a_2, a_3, \cdots, a_k$ を不変に保ちながら，$\Pi = F$ の値を変えずに，a_1 だけを任意に変化させることができる．この事実は数学的に

$$\frac{\partial F}{\partial a_1} = \frac{\partial F}{\partial a_2} = \cdots = \frac{\partial F}{\partial a_k} = 0 \tag{D.15}$$

と表される．したがって，(D.14) 式は

$$\Pi = \Phi(\Pi_1, \Pi_2, \cdots, \Pi_{n-k}) \tag{D.16}$$

と，無次元量の間の関係式として表現される．この関係式が次元解析の中心的な結論である．幸いにして与えられた問題において $n = k + 1 = 2$ であると，

$$a = a_1^{p_1} \Phi\left(\frac{a_2}{a_1^{p_2}}\right) \tag{D.17}$$

となり，これは本文に何度も登場したスケーリング則の形となる．

次元解析の興味ある応用例として直角三角形に関するピタゴラスの定理を取り上げよう．必要な知識は直角三角形の面積 S が図 D.1 における辺の長さ a と角 φ の関数として $S = f(a, \varphi)$ と書かれること（具体的には $S = (a^2/4)\sin 2\varphi$ であるが），三角形 △ABC が三角形 △HBA と三角形 △HAC と相似であることだけである．次元解析によって

$$S = a^2 \Psi(\varphi) \tag{D.18}$$

となることは明らかである．互いに相似である三角形 △HBA と三角形 △HAC についても同様である．これら二つの三角形の面積の和が三角形 △ABC の面積に等しいので，

$$a^2 \Psi(\varphi) = b^2 \Psi(\varphi) + c^2 \Psi(\varphi) \tag{D.19}$$

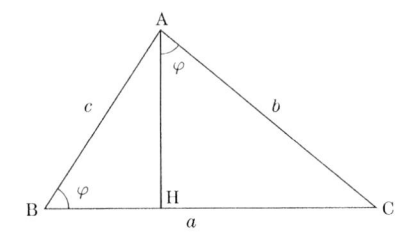

図 D.1 ピタゴラスの定理の証明

が成立する．両辺を $\Psi(\varphi)(\neq 0)$ で割って，証明すべき $a^2 = b^2 + c^2$ が得られる．

D.3 中間漸近の方法

(D.16) 式を再び考察する．

$$\Pi = \Phi(\Pi_1, \Pi_2, \cdots, \Pi_{n-k}) \tag{D.20}$$

この節では関数 Φ の変数の一つ，例えば Π_{n-k} が非常に小さくなると Π はどのように振る舞うかを調べる．ただし，無次元量が無限大になる場合は，その逆数によって無次元量を定義すれば無限小になるので，これからは無限小になる場合だけを議論する．中間漸近では，$\Pi_{n-k} \to 0$ の極限を完全に取ってしまうのでなく，どのような振る舞いをしながら収束値に近づくかを議論する．収束する場合だけでなく，発散したり 0 になったりする場合も含みうるところが重要である．フラクタル科学では発散量や消滅する量を興味の対象とする場合が多いので，非常に役立つ概念である．

第 1 の可能性は，$\Pi_{n-k} \to 0$ の極限で，Π が有限の値を取ることである．すなわち，

$$\lim_{\Pi_{n-k} \to 0} \Phi(\Pi_1, \Pi_2, \cdots, \Pi_{n-k-1}, \Pi_{n-k})$$
$$= \Phi(\Pi_1, \Pi_2, \cdots, \Pi_{n-k-1}, 0) \equiv \Phi_1(\Pi_1, \Pi_2, \cdots, \Pi_{n-k-1}) \tag{D.21}$$

が成立する場合である．この場合を第 1 種の中間漸近という．

ところが常に第 1 種の中間漸近が成り立つとは限らず，関数 Φ の収束値が 0 (無限大) になってしまう場合もある．しかし，適当な指数 α を選ぶことによって

$$\Phi = \Pi_{n-k}^{\alpha} \Phi_1(\Pi_1, \Pi_2, \cdots, \Pi_{n-k-1}) \tag{D.22}$$

を有限値に収束させることができる可能性がある．したがって，

$$\Pi_* = \frac{\Pi}{\Pi_{n-k}^{\alpha}} \tag{D.23}$$

を定義して，

$$\Pi_* = \Phi_1(\Pi_1, \Pi_2, \cdots, \Pi_{n-k-1}) \tag{D.24}$$

と，変数が一つ減じた関係式が成立する．

状況がさらに複雑な場合も想定される．例えば Π_{n-k-1} も Π_{n-k} が 0 に近づくにつれて同様に 0 に漸近する場合である．ここでも適当な指数 β を導入して，新しい無

次元量
$$\Pi_{**} = \frac{\Pi_{n-k-1}}{\Pi_{n-k}^{\beta}} \tag{D.25}$$
を定義すると有限な収束値が得られ，
$$\Pi_{*} = \Phi_1(\Pi_1, \Pi_2, \cdots, \Pi_{n-k-2}, \Pi_{**}) \tag{D.26}$$
が成立する．指数 α や β を導入して有限値が得られる場合を第 2 種の中間漸近という．$n = k+2$ の場合，(D.17) 式とは異なる新しいスケーリング則
$$\Pi_{*} = \Phi_1(\Pi_{**}) \tag{D.27}$$
が導かれる．ただし，次元解析だけでは指数 α や β を決めることができないので，別の工夫が必要である．

参 考 文 献

本書を執筆するにあたって参考にした文献を列記する．原著論文はそこから引用していただきたい．フラクタル全般にわたっては，まずマンデルブロ自身による記念碑的文献

[1] B. B. Mandelbrot : *The Fractal Geometry of Nature*, W. H. Freeman, 1982 (広中平祐監訳：フラクタル幾何学，日経サイエンス社，1982)．

をあげねばならない．数学的で，ボリュームもあるが

[2] H. -O. Peitgen, H. Jürgens and D. Saupe : *Chaos and Fractals —— New Frontiers of Science ——*, Springer-Verlag, 1992.

は，カオスも含めて，ていねいな記述でわかりやすい．本書でも随所で参考にさせてもらった．数学の分野の基本的書物は

[3] K. Falconer : *Fractal Geometry —— Mathematical Foundations and Applications*, John Wiley and Sons, 1990.

である．日本語の文献としては

[4] 山口昌哉，畑 政義，木上 淳：フラクタルの数理（岩波講座，応用数学 [対象 7])，岩波書店，1993.

が勉強になった．

物理学の側面から，フラクタル全般を総説したものとしては，

[5] 高安秀樹：フラクタル，朝倉書店，1986.
[6] 高安秀樹編著：フラクタル科学，朝倉書店，1987.
[7] J. Feder : *Fractals*, Plenum Press, 1988 （松下 貢，早川美徳，佐藤信一訳：フラクタル，啓学出版，1991).
[8] T. Vicsek : *Fractal Growth Phenomena* (2nd ed.), World Scientific, 1992

（宮島佐介訳：フラクタル成長現象，朝倉書店，1990）．

があげられる．また，

[9] 本田勝也：フラクタル（特集「今日の応用数理」），数理科学，**37**，21，1999．

は，簡潔な総括である．

　6章の臨界現象については多くの教科書があるが，ここでは

[10] N. Goldenfeld: *Lectures on Phase Transition and the Renormalization Group*, Addison-Wesley, 1992.

を推賞しておく．パーコレーションについては，6，7章とも

[11] D. Stauffer and A. Aharony: *Introduction to Percolation Theory*, Taylor and Francis, 1992.

[12] 小田垣孝：パーコレーションの科学，裳華房，1993．

に依拠するところが大きい．8章の内容については，文献 [6] 中の

[13] 本田勝也：結晶成長とフラクタル（高安秀樹編著，フラクタル科学，pp.5-57），朝倉書店，1987．

や文献 [8] に詳しい記述がある．なお，

[14] 松下　貢：フラクタル・パターン形成の物理（荒木不二洋編，数理物理への誘い2，pp.9-44），遊星社，1997．

に，要領よくまとめられている．図8.5，8.8は

[15] E. Guyon and H. E. Stanley (ed): *Fractal Forms*, Elsevier, 1991.

より引用している．9章の内容は

[16] 中西　秀：自己組織臨界現象と地震のダイナミクス，日本物理学会誌，**49**，267，1994．

を参考にさせていただいた．なお，後半の内容は大学院生であった，鎌倉徳計，寺尾卓也君の修士論文研究の成果（未発表）に基づいている．

　10章，自己アフィン・フラクタルは文献 [2] と [7] が詳しい．10，11章は，筆者自身による

[17] 本田勝也：日本物理学会誌，**49**，819，1994．

[18] 本田勝也：科学，**66**，184，1996．

が一般向け総説である．より詳しくは，文献 [8] に加えて

[19] F. Family and T. Vicsek (eds.) : *Dynamics of Fractal Surfaces*, World Scientific, 1991.

[20] A. -L. Barabási and H. E. Stanley : *Fractal Concept in Surface Growth*, Cambridge University Press, 1995.

を参照されたい．13 章「多重フラクタル」の内容は文献 [6], [7], [8] にも触れられている．

　付録 C を書くために手元にあった

[21] 松澤忠人，原　優，小川吉彦：積分論と超関数論入門，学術図書，1996.

を参考にさせてもらった．付録 D の内容は

[22] G. I. Barenblatt : *Dimensional Analysis*, Gordon and Breach Science Publishers, 1987.

[23] G. I. Barenblatt : *Similarity, Self-Similarity and Intermediate Asymptotics*, Consultants Bureau, 1979.

に基づいている．

索　引

ア　行

アドレス　17, 150
粗さ指数　119
RSOS モデル　122
安定　6

異常拡散　78
位相次元　32
EW 方程式　129
η モデル　84, 93
イーデン・モデル　84, 120
イニシエーター　8
異方性のパラメータ　100

ヴォスのアルゴリズム　110

$f(\alpha)$ スペクトラム　147

カ　行

開区間　1
開集合条件　40
回転半径　61, 89
界面の粗さ　117
ガウス型白色ノイズ　126
ガウス分布　162
拡散過程　70
拡散現象　70

拡散に支配された凝集　79
拡散方程式　72, 83
拡散粒子　70
確率分布　74, 167
確率変数　108
確率密度　161
下限　33
可算無限　2
カットオフ　132
関数方程式　173
カントール集合　1
　　——のハウスドルフ次元　38
完備距離空間　28, 158

気液界面　123
規格化条件　73
期待値　162
9 進数　10
境界条件　73, 83, 96
局所的安定性　5
距離　157
距離空間　157
金属薄膜成長　123
金属葉　86

空間平均　116, 131
駆動力　126, 138
　　——のしきい値　141
クラスター　57, 61
　　——のフラクタル次元　62

くりこみ群の方法　64
クロスオーバー　52
クロスオーバー時間　142
クロネッカの記号　170

結晶成長　88, 124
KPZQ 方程式　138
KPZ 方程式　125
　　――の数値解析　133

コーシー列　158
コッホ曲線　8
　　――の自己相似性　9
コッホ島　9
固定点　5, 159
古典的フラクタル　1

サ　行

サイズ分布　51, 58
サイトパーコレーション　57
差分法　133
サポート　144
3次元シアピンスキー・ガスケット　18
3進数　2
サンプル平均　116
山脈の稜線　124

シアピンスキー・カーペット　19
シアピンスキー・ガスケット　12
　　――の相似変換　26
ジェネレーター　8
紫外発散　132
しきい値　96
次元解析　89, 174
自己アフィン・フラクタル　104, 115
自己相似性　7, 21, 50
自己組織化臨界現象　94
システムパラメータ　142
持続性　110

質量の動径分布　50
支配変数　174
遮蔽効果　82
縮小写像　29, 159
上限　33
情報次元　146
初期条件　73
触点　18

数列の極限　158
図形間の距離　28
図形の直径　33
図形の列　25
スケーリング仮説　52
スケーリング関係式　103
スケーリング関数　52
スケーリング則　56
スケール不変性　22, 106
スターリングの公式　154
砂山の勾配　95
砂山モデル　95, 97

正規分布　162
成長確率　156
成長指数　119
成長する荒れた界面　115
セル・オートマトン　13, 95
全不連結　4

相関関数　47, 109
相関距離　49, 61
相関次元　146
相似次元　38
相似変換　23, 40
　　――の固定点　27
　　――の漸化式　26
測度　144
粗視化　65
存在確率　83

タ 行

台 144
対称性 21, 127
大数の法則 164
多重フラクタル 144
多重フラクタル次元 145
ダングリング・ボンド 64
端点 2
弾道軌道 74, 92
弾道軌道凝集モデル 120

チェビシェフの定理 163
中間漸近 139, 176
中心極限定理 165
頂点 18
調和測度 156
直交規格化条件 131

DLA 79
DLA クラスター 79
　　——の自己相似性 81
　　——のフラクタル次元 83, 89
デバイダー法 45
デルタ関数 72, 168
δ 被覆 33, 35

同時確率密度 161
同相写像 31
動的指数 118
動的スケーリング則 118
逃避点 4
特異性指数 147
特性指数 47, 50
独立 161

ナ 行

なだれ 96

　　——のサイズ分布 100
ナブラ 72, 125

二項分枝過程 151
2 進数 4

熱統計力学的形式 150
粘性指 87

ハ 行

ハイパースケーリング則 63
ハウスドルフ次元 32
ハウスドルフ測度 35
ハウスドルフの距離 29
バクテリア・コロニー 89, 123
パーコレーション 56
パスカルの三角形 13
ハースト指数 107
バックボーン・クラスター 63
反持続性 110
反復写像 16

非可算無限 4
標準正規分布 163
標本平均 116

不安定 6
付着確率 84
物理量の次元 172
物理量のスケーリング則 52
不動点 5
普遍性 47, 55
普遍性クラス 55
ブラウン曲線 105
フラクタル次元 30, 42
フーリエ解析 130
フーリエ逆変換 72
フーリエ変換 72, 170
分数ブラウン曲線 108

分数ブラウン曲面　114
分配関数　144, 150

ペアノ曲線　10
平均自乗偏差　117, 131
閉区間　1
べき則　55, 94
べき分布　74
ヘビサイドの関数　168
変形シアピンスキー・ガスケット　14

ボイド　91
ボックス・カウント次元　44
ボンドパーコレーション　57

マ　行

マルチ・フラクタル　144

無次元化　140

メンガー・スポンジ　20

モーメント母関数　162

ヤ　行

有限サイズ・スケーリング　67

有限サイズ・スケーリング則　103
誘電破壊　87
ユークリッド距離　33
ゆらぎの効果　82

陽的オイラー法　134

ラ　行

ラプラシアン　72, 125
ラプラス方程式　83
ランダム・ウォーク　70, 105
　——のフラクタル次元　74
ランダム・ゲーム　14
ランダム媒質　123

離散的な力学系　4
リプシッツ写像　35
粒子濃度　56
臨界現象　54
臨界指数　58
臨界状態　49, 94
臨界点　57

ルジャンドル変換　149

レビィ・フライト　74
　——のフラクタル次元　76

著者略歴

本田　勝也
（ほんだ　かつや）

1943 年　愛知県に生まれる
1971 年　名古屋大学大学院工学研究科博士課程修了
現　在　信州大学理学部数理・自然情報科学科教授
　　　　工学博士
著　書　『フラクタル科学』（朝倉書店，共著）

シリーズ〈非線形科学入門〉1
フラクタル

定価はカバーに表示

2002 年 1 月 25 日　初版第 1 刷
2015 年 5 月 25 日　　　　第 9 刷

著　者　本　田　勝　也
発行者　朝　倉　邦　造
発行所　株式会社　朝　倉　書　店
　　　　東京都新宿区新小川町 6-29
　　　　郵便番号　162-8707
　　　　電　話　03(3260)0141
　　　　Ｆ Ａ Ｘ　03(3260)0180
　　　　https://www.asakura.co.jp

〈検印省略〉

© 2002 〈無断複写・転載を禁ず〉　　　三美印刷・渡辺製本

ISBN 978-4-254-11611-3　C 3341　　　Printed in Japan

JCOPY <(社)出版者著作権管理機構　委託出版物>

本書の無断複写は著作権法上での例外を除き禁じられています．複写される場合は，
そのつど事前に，(社)出版者著作権管理機構（電話 03-3513-6969，FAX 03-3513-
6979，e-mail: info@jcopy.or.jp）の許諾を得てください．

好評の事典・辞典・ハンドブック

数学オリンピック事典	野口 廣 監修　B5判 864頁
コンピュータ代数ハンドブック	山本 慎ほか 訳　A5判 1040頁
和算の事典	山司勝則ほか 編　A5判 544頁
朝倉 数学ハンドブック [基礎編]	飯高 茂ほか 編　A5判 816頁
数学定数事典	一松 信 監訳　A5判 608頁
素数全書	和田秀男 監訳　A5判 640頁
数論<未解決問題>の事典	金光 滋 訳　A5判 448頁
数理統計学ハンドブック	豊田秀樹 監訳　A5判 784頁
統計データ科学事典	杉山高一ほか 編　B5判 788頁
統計分布ハンドブック（増補版）	蓑谷千凰彦 著　A5判 864頁
複雑系の事典	複雑系の事典編集委員会 編　A5判 448頁
医学統計学ハンドブック	宮原英夫ほか 編　A5判 720頁
応用数理計画ハンドブック	久保幹雄ほか 編　A5判 1376頁
医学統計学の事典	丹後俊郎ほか 編　A5判 472頁
現代物理数学ハンドブック	新井朝雄 著　A5判 736頁
図説ウェーブレット変換ハンドブック	新 誠一ほか 監訳　A5判 408頁
生産管理の事典	圓川隆夫ほか 編　B5判 752頁
サプライ・チェイン最適化ハンドブック	久保幹雄 著　B5判 520頁
計量経済学ハンドブック	蓑谷千凰彦ほか 編　A5判 1048頁
金融工学事典	木島正明ほか 編　A5判 1028頁
応用計量経済学ハンドブック	蓑谷千凰彦ほか 編　A5判 672頁

価格・概要等は小社ホームページをご覧ください．